陈根　编著

UI设计入门
一本就够

化学工业出版社

·北京·

图书在版编目（CIP）数据

UI设计入门一本就够/陈根编著．—北京：化学
工业出版社，2018.3（2022.8重印）
ISBN 978-7-122-31420-8

Ⅰ．①U… Ⅱ．①陈… Ⅲ．①人机界面－程序设计
Ⅳ．①TP311.1

中国版本图书馆CIP数据核字（2018）第013611号

责任编辑：王　烨　　　　　　　　文字编辑：谢蓉蓉
责任校对：宋　玮　　　　　　　　装帧设计：王晓宇

出版发行：化学工业出版社（北京市东城区青年湖南街13号　邮政编码100011）
印　　装：北京虎彩文化传播有限公司
710mm×1000mm　1/16　印张14¾　字数209千字　2022年8月北京第1版第8次印刷

购书咨询：010-64518888　　　　　　　售后服务：010-64518899
网　　址：http://www.cip.com.cn
凡购买本书，如有缺损质量问题，本社销售中心负责调换。

定　　价：79.80元　　　　　　　　　　　　版权所有　违者必究

UI
DESIGN

　　UI就是用户界面的简称，UI设计属于工业产品设计的一个特殊形式，其具体的设计主要是针对软件，通过对软件涉及的人机交互、操作逻辑等多个内容加以分析，实现软件优质的应用价值。随着智能化电子产品的普及，带有液晶屏显示的产品将越来越多，也就意味着越来越多的产品设计需要UI设计。随着"UI"热的到来，近几年国内很多从事手机、软件、网站、增值服务等企业都设立了这个部门，还有很多专门从事UI设计的公司也应运而生，软件UI设计师的待遇和地位也逐渐上升。

　　在当今互联网和信息技术快速发展的时代，人们的生活经历着各种无法预想的变化。产品设计由物质设计向非物质设计转变已经开始了，而且必将成为未来产品设计的主流，一个UI大时代即将到来。伴随着互联网长大的一代正在成为社会的主流，并以他们特有的视角和思考问题的方式影响着社会的发展，也对用户界面设计与体验产生着不可估量的影响。

UI设计需具备良好的实用功能。好的UI设计，可以让软件富有个性，彰显品位，同时也能让软件在使用的过程中充分体现出舒适感和操作的简便化，符合当代用户自由时尚的追求，凸显出软件的准确定位及自身特点。UI设计覆盖面广，并且涉及多种学科知识，因此对设计师提出了更高的技术要求，需要他们在掌握基本的学科知识的基础上，拓宽知识面，应用综合知识和技能，满足用户高品质的设计需求。

本书紧扣时下热门的用户界面设计趋势，主要讲解了什么是UI设计，UI设计的原则与理念，UI的文字、图片和图标设计，网页UI设计，移动端UI设计五大方面的内容。本书旨在普及用户界面设计的相关前沿理念，全面阐述用户界面设计在网页及移动端两大主流设计领域的具体表现和所需掌握的专业技能。

本书图文并茂、简单易懂，采用理论与商业应用案例分析相结合的方式，使用户能够更轻松地理解和应用，培养读者在用户界面设计方面分析问题和解决问题的能力。

本书结构清晰、内容翔实，为广大读者详细解读了用户界面的设计理念与方法，是一本用户界面设计的导论级读物。通过学习这些宝贵的设计经验与设计方法，读者同样可以创造出触动人心的用户界面设计。

本书由陈根编著。陈道双、陈道利、林恩许、陈小琴、陈银开、卢德建、张五妹、林道姆、李子慧、朱芋锭、周美丽等为本书的编写提供了很多帮助，在此表示深深的谢意。

由于作者水平及时间所限，书中不妥之处，敬请广大读者及专家批评指正。

编著者

UI
DESIGN

目录
CONTENTS

第 1 章
什么是 UI 设计——UI 的前世今生

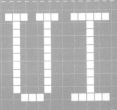

UI

DESIGN

1

1.1 什么是 UI

UI(user interface)设计属于近年来新兴的专业，虽然在很久之前就已经引起了广泛关注，但是伴随着先进技术的发展，UI设计开始趋向于专业化与规范化。国内的多数院校虽然没有独立设置UI设计专业，但这一课程逐渐受到各个院校的广泛认可。网络技术的普及使人们的日常生活发生了翻天覆地的变化，并且在网络技术应用日益频繁的21世纪，网页界面的设计同样借助了多种设计技术，很多门户网站为了在激烈的市场竞争中占据一席之地，聘用了专业的UI设计师，例如腾讯、新浪等大型的门户网站。手机已成为人际交往的重要手段，其中关于页面的设计和相关软件的功能定位都离不开设计师们的精湛技术。

UI就是用户界面的简称，其具体的设计主要是针对软件，通过对软件涉及的人机交互、操作逻辑等多个内容加以分析，实现软件优质的应用价值。由此看出，UI设计需具备良好的实用功能。好的UI设计，可以让软件富有个性，彰显品位，同时也能让软件在使用的过程中充分体现出舒适感和操作的简洁化，符合当代用户自由时尚的追求，凸显出软件的准确定位及自身特点。UI设计覆盖面广，并且涉及多种学科知识，因此对设计师提出了更高的技术要求，需要他们在掌握基本的学科知识的基础上，拓宽知识面，应用综合知识和技能，满足用户高品质的设计需求。

UI设计主要包括以下三个方面。

（1）研究界面

界面的研究指的是美工，是对软件的外形进行设计的"造型师"。从广义上讲，UI界面就是人与机器进行交互的操作平台，是一种信息传递媒介。界面包括硬件界面与软件界面，但是在UI设计中接触到的就是软件界面，运用UI设计技术，对软件的人机交互、操作逻辑与界面美观进行整体设计。

（2）人与界面

目前，UI设计师通常指图形界面设计师，但是，在此之前，UI设计还只是代表着交互设计师。他们的具体工作内容是分析软件的具体操作过程，同时还研究树状结构及操作规范、标准等，并且对软件在接受编码之前进行交互设计，从而保证交互模型、交互规范的设定。

（3）用户体验

产品在投入使用之前都会经过产品测试这一重要的流程环节。这个测试是为了保证产品的质量，确保产品在具体使用过程中不会产生其他问题。测试的过程虽然和编码无关，但是需要对交互设计的合理性、图形设计的美观性进行综合评价。测试主要是由焦点小组展开，对目标用户展开问卷调查，让他们从客观的角度评价UI设计。用户测试的工作非常关键，UI设计的评价标准就是设计师的设计理念和产品负责人的审美能力。

随着移动设备和移动网络带来的各种移动服务，消费者更多地依赖手机应用作为信息获取的渠道，手机APP应用界面设计被提升到一个新的高度，成为人机交互技术的一个重要领域。通过对用户的检测发现，资深玩家数量迅速攀升，对应用的选择变得越来越有针对性和挑剔性，部分体验较差、运营不佳的应用将被淘汰。如今出现一些新型的交互技术和传感设备，语音、手势、局部识别、3D交互、数据衣等，突破了人与手机交互的基本障碍，丰富了手机软件界面形式的多样化，色彩将会更加丰富，速度更快，音质更好。通过传感器的使用，手机应用会更加关注用户的体验环境，从而在界面设计上做出变化。

1.2 UI 的发展历程

用户界面属于"人机界面"研究的范畴，是计算机科学与认知心理学两大学科相结合，并吸收了语言学、人机工程学和社会学等研究成果的产物，是计算机科学中最年轻的分支之一。用户界面的研究从产生至今不足半个世纪，却经历了巨大的变化。用户界面的发展大致经历了如下几个阶段。

1.2.1 语言命令用户界面

其代表应属DOS操作系统，是人机交互的初级阶段，用户通过界面输入基于字符的命令行与系统交互。这种手段显然是机器易于接受的方式，同时考验和训练界面操作者的记忆力和不厌其烦地重复操作的耐心，对初学者来说不十分友好，且易出错。DOS命令及执行结果的示例如图1-1所示。

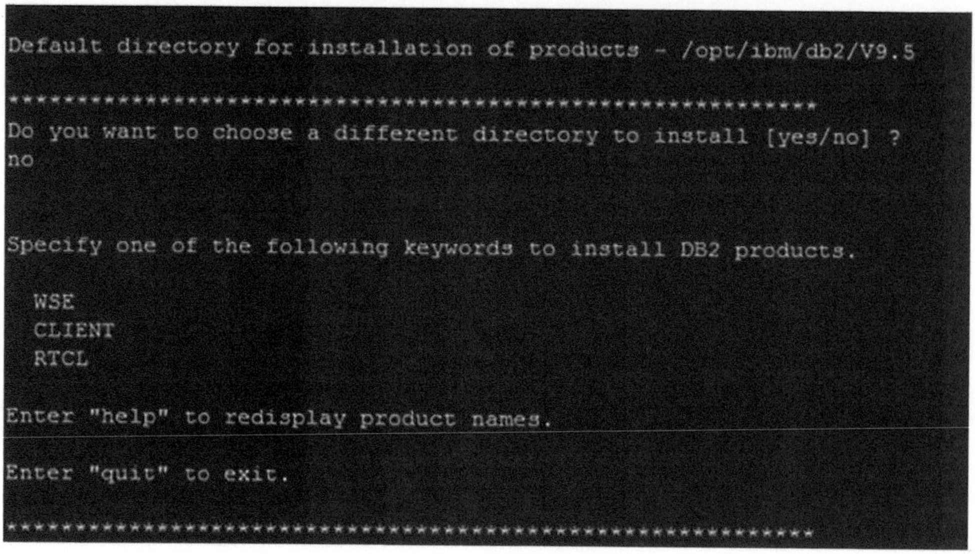

图1-1　命令行方式用户界面

1.2.2 图形用户界面

图形用户界面（graphics user interface，GUI）是当今用户界面设计的主流，广泛用于计算机和携带屏幕显示功能的各类电子设备，也包括大量手持式移动设备。GUI是建立在计算机图形学的基础上，基于事件驱动(event-driven)的核心技术。它具有明显的图形表意特征，形象直观；通过鼠标或手指触摸操作，可降低操作的复杂度；允许多任务运行程序，系统响应速度快；人机交互友好等特点。在GUI技术中需要实现两个最基本的要求：一是直观性，采用现实世界的抽象来进行界面的元素设计，所见即所得，免去了用户认知学习的过程；二是响应速度快，它直接影响到该应用是否被用户接受。在很多实际系统中，关于响应速度的问题往往是通过软件界面设计而非硬件方式解决。利用GUI技术，用户可以很方便地通过桌面、窗口、菜单、图标、按钮等元素向计算机系统发送指令，这种无需用户记忆大量繁琐命令的操作方式，更符合用户的心理需求，使人机交互过程更自然。图形用户界面的示例如图1-2所示。

图1-2　图形用户界面

1.2.3 多媒体用户界面

多媒体用户界面强调的是媒体表现（presentation），即在过去只支持静态媒体的用户界面中，引入动画、音频、视频等动态媒体，极大地丰富了计算机表现信息的形式，提高了人对信息表现形式的选择、控制能力，增强了信息表现与人的逻辑、创造能力的结合，扩展了人的信息处理能力。显然，多媒体用户界面比单一媒体用户界面具有更大的吸引力，这在互联网上得到了极大体现，它更有利于人对信息的主动探索。多媒体用户界面虽然在信息输出方面变得更加丰富，但在信息输入方面仍使用常规的输入设备（键盘、鼠标器和触摸屏），即输入是单通道的。随着多通道用户界面的兴起，人机交互过程将变得更加和谐与自然。多媒体用户界面的示例如图1-3所示。

图1-3 多媒体用户界面

1.2.4 多通道用户界面

多通道交互(multi-modal interaction，MMI)是近年来迅速发展的一种人机交互技术，它既适应了"以人为本"的自然交互准则，也推动了互联网时代信息产业（包括移动计算、移动通信、网络服务等）的快速发展。所谓多通道涵盖了用户表达意图、执行动作或感知反馈信息的各种沟通方法，如言语、眼神、脸部表情、唇动、手动、手势、头动、肢体姿势、触觉、嗅觉或味觉等，采用这种方式的计算机用户界面称为"多通道用户界面"。通过手写入、语音识别、视线跟踪、手势识别、表情识别、触觉感应、动作感应等技术，以并行、非精确的方式与计算机环境进行交互，大大提高了人机交互的自然性和高效性。可穿戴计算机就体现了多通道技术的最新研究成果。在一些特殊环境中，如战场、突发事件处理现场、社会娱乐、新闻采访等，人们将微小的计算机及相关设备像衣服一样戴在头上、穿在身上，即可实现诸如在任何物体表面显示屏幕并操作按键、在手掌上显示电话拨号键盘、在报纸上显示文字相关的视频、在地图上显示实物场景等。多通道用户界面示例如图1-4所示。

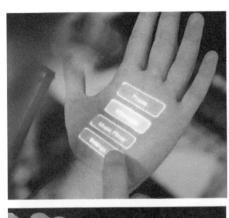

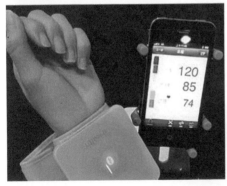

图1-4　多通道用户界面

1.2.5 虚拟现实人机界面

虚拟现实人机交互技术向用户提供了身临其境和多感觉通道的感官体验，作为一种新型的人机交互形式，真正实现了图形用户界面的人性化。它

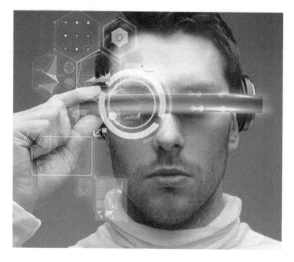

能让用户置身于图像整体包围的暗示空间中，创造出一种强烈的临场感，使感觉上升为情感，使体验近乎真实。虚拟现实界面营造的是一种用户置身于图像世界的主观体验，是由计算机系统合成的人工世界，包括桌面虚拟现实（desktop VR）、临境虚拟现实（immersive VR）、将真实与虚拟环境景象结合的混合型虚拟现实、通过互联网实现的分布式虚拟现实（distributed VR）等类型。它能构造出人们可以达到的合理的虚拟现实环境，如场景展示与训练，包括航天员、飞机驾驶员、汽车驾驶员、轮船驾驶员等在虚拟环境训练舱中的训练；还能构造出人们不可能达到的夸张的虚拟现实环境和纯粹虚构的梦幻环境，如互联网上的3D游戏、科幻影片的场景等。如图1-5所示。

2015年3月，在旧金山举行的游戏开发者大会（GDC）上，瑞士的神经技术初创企业MindMaze发布了全球第一款靠意念控制的虚拟现实游戏系统原型MindLeap，同时宣布获得了850万美元的天使投资。

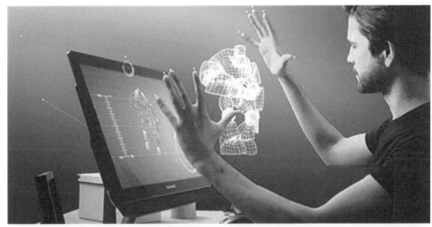

图1-5　虚拟现实人机界面

（1）从医疗到游戏

　　MindMaze成立于2012年，总部位于瑞士洛桑，其研究领域主要是神经科学、虚拟现实和增强现实，此前主要应用于医疗，用来帮助中风、截肢及脊髓损伤患者康复。创始人兼CEO是Tej Tadi博士。创办公司前他曾在瑞士联邦理工学院从事过10年的虚拟现实研究。

　　我们知道，人的动作是由大脑控制的，比方说移动手臂这个动作的执行过程首先是大脑想要手臂移动，这个决定由神经网络经过数毫秒之后传递给相关肌肉才执行动作。MindMaze则是通过跟踪大脑和肌肉的活动来侦听相关的神经信号。如图1-6所示。

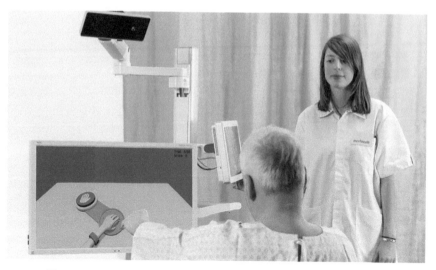

图1-6　MindMaze通过跟踪大脑和肌肉的活动来侦听相关的神经信号

　　MindMaze的应用一开始并不是游戏，而是医疗。比方说，截肢病人有时候会出现幻觉痛，即感到被切断的肢体仍在，且在该处发生疼痛。Tadi介绍了一个例子，某位左臂被截肢的女患者就出现了幻肢痛。MindMaze利用技术跟踪患者正常的右臂的活动和神经信号，然后在屏幕上呈现出其左臂在作相应动作的图像，如此来"欺骗"她的大脑认为自己左臂也能动，从而缓解幻肢痛。这里的关键是屏幕的动作展示必须是实时的——时延不能超过20ms（触觉传递到大脑需要20ms，视觉则需要70ms，这些似乎是能够区分出相关信号的关键）。正是无时延方面的努力让MindMaze想到可以把它用在游戏上，开发出了MindLeap这套游戏装置的原型。

　　这套装置由动作捕捉系统、脑电波读取系统以及集成平台组成。其HMD（头戴式显示器）外观上跟Oculus Rift DK2、Razer OSVR有些类似。比较奇特的是它的头箍，像一张网，其实那是用来采集脑电波信号的装置，不过未来MindMaze计划改进成跟目前的HMD的头带类似的东西。无线3D摄像头运动捕捉系统类似于Kinect，可进行3D的全身运动跟踪，但是需要进行一些调整以适应医疗用途。目前这套原型可提供720p的显示以及 60° 的视野范围，未来计划升级为1080p及120° 的视角。如图1-7所示。

图1-7 头戴式显示器

（2）VR 与 AR 结合

　　HMD和动作捕捉系统的结合跟我们不久前介绍的伊利诺伊大学香槟分校团队的工作类似，可以带来虚拟现实（VR）与增强现实（AR）的双重体验。但是MindLeap还融入了脑电波读取的技术。Tadj称，这是全球首次将神经科学、虚拟现实、增强现实及3D全身动作捕捉融于一体，将带给玩家无时延的游戏体验。

　　佩戴上MindLeap之后，头向右转即开始AR模式，此时头部的摄像头开始跟踪在面前晃动的手指动作。屏幕上则呈现出用户手部的动作以及周围的环境，不仅如此还会在手指上渲染火焰（增强现实）。而且头箍会跟踪用户的精神状态，如果是放松的，火焰是蓝色的，而如果用户紧张，火焰就会变成红色。

　　如果用户将头向左转则激活VR模式，此时用户的手还在平面上显示，但是周围的环境则变成了未来主义的空间。用户可以在虚拟世界中触摸、感知、表现、移动，仿佛置身于现实世界。

（3）脑力竞赛

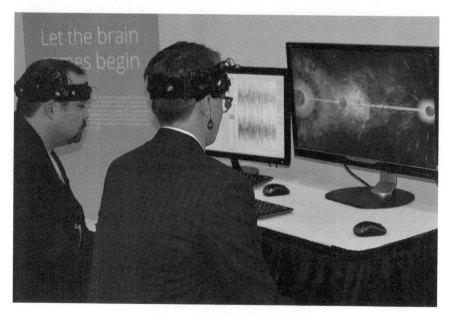

图1-8　靠意念控制的对抗游戏

　　不过最有趣的是MindMaze展示的仅靠意念控制的对抗游戏，如图1-8所示。游戏里面屏幕两头各有一个会伸缩的魔法球，中间则是一个小球。魔法球靠对战双方的意念控制，双方均佩戴植入前额传感器的头带，游戏目标是利用能量爆发将屏幕中央的球膨胀推开对方的球。球膨胀得越大代表脑力越强。不过，不习惯的玩家一开始必须靠缓慢的深呼吸来放松精神。原型演示中仍有一些时延，而且还需要校准。不过看起来整个游戏呈现的效果的确不错。

　　根据MindMaze科学顾问Olaf Blanke的说法，MindLeap利用医疗级技术创建了一个直观的人机接口，通过识别关键的神经特征实现无与伦比的响应性，将会开启一个神经康复与游戏的全新时代。

　　在VR最近风生水起的大环境下，MindLeap的未来看起来不错。但是要想实现消费化还有大量的工作要做。仅靠精神的放松和紧张来控制游戏当然还是不够的，不过如果MindMaze掌握了精确的神经信号识别技术，辨别面部表情、情感等高级用法也不是天方夜谭。

第 2 章
UI 设计的原则与理念

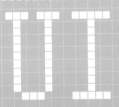

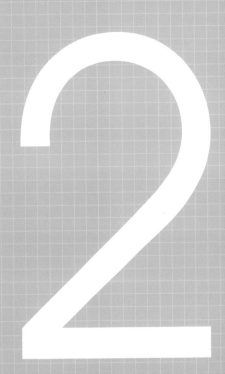

2.1 需要灵活应用的七大定律

2.1.1 费兹定律

知道为什么Microsoft Windows的选单列放置在视窗上，而Apple Mac OS X的选单列放在屏幕的最上方吗？其实这是费兹定律（Fitts' Law）在界面设计上的妙用所在。

再比如，你的注意力和鼠标指针正停留在某个网站的LOGO上，而被告知要去点击页面中的某个按钮，于是你需要将注意力焦点及鼠标指针都移动到那个按钮上。这个移动过程当中的效率问题就是费兹定律所关注的。如图2-1所示。

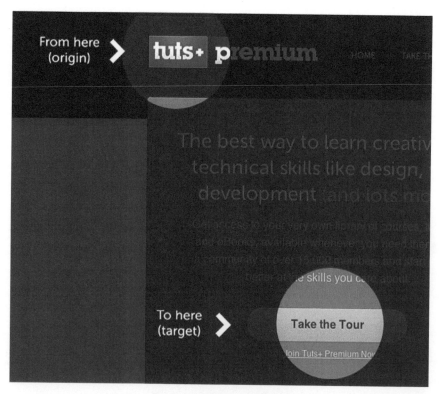

图2-1　注意力在网页上移动

　　费兹定律（Fitts' Law）是心理学家Paul Fitts所提出的人机界面设计法则，主要定义了游标移动到目标之间的距离、目标物的大小和所花费的时间之间的关系。费兹定律目前广泛应用在许多使用者界面设计上，以提高界面的使用性、操作度和效能。

　　定律内容是从一个起始位置移动到一个最终目标所需的时间由两个参数来决定，到目标的距离和目标的大小（图2-2中的D与W），用数学公式表达为时间T：

$$T = a+b\log^2(D/W+1)$$

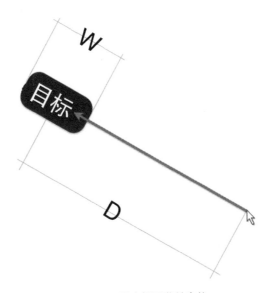

图2-2　用图来解释费兹定律

　　用图来解释，就是D（起始点到目标之间的距离）越长，使用者所花费的时间越多；而W（目标物平行于运动轨迹的长度）越长，则花费的时间越少，使用效能也比较好。

　　来对比一下Windows与Mac（OS X Lion之前的版本）中的滚动条。在Windows中，纵向滚动条上下两端各有一个按钮，里面的图标分别是向上和向下的箭头；横向滚动条也是类似。这种模式确实更符合用户的心智模型，因为触发左右移动的交互对象分别处于左右两端，到左边寻找向左移动的方法时会看到左箭头按钮，向右侧也是一样；而Mac系统则将左右按钮并列在同一侧，使左右导航的点击操作所需跨越的距离大大地缩短，提高了操作效率。如图2-3所示。

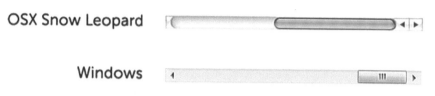

图2-3　Windows 与 Mac中滚动条设计的比较

在交互设计的世界中，目标用户群的特征是我们需要时刻牢记在心的，对于费兹定律的运用也是同样的道理。对于目标用户中包含了儿童、老人甚至是残障人士的产品来说，界面交互元素的尺寸需要更大，以便这类相对特殊的用户可以很容易地点击操作。

下面我们来看看费兹定律在界面设计中的运用。

（1）尺寸和距离

在设计任何一个可交互的UI元素时，我们都需要考虑它的尺寸以及与其他元素之间的相对距离关系。市面上有各种各样的设计规范，其中多数都会提到按钮最小尺寸以及与其他交互元素之间排布距离方面的问题。尽量将多个常用的功能元素放置在距离较近的位置；另外需要考虑的是，对于那些会产生高风险的交互元素，在很多时候设计师不希望用户能够很轻松地点击到它们，这种情况下要尽量将这些元素与那些较为常用的界面元素放置在相对距离较远的位置上。如图2-4所示，这里的危险操作（删除按钮）与常用的下载按钮之间的距离就过近了。

图2-4　删除按钮与常用的下载按钮之间的距离过近

（2）边缘

① 角落   对应着费兹公式中的"W"，处于界面角落上的元素可以被看做是具有无限大尺寸的，因为当鼠标指针处于屏幕边缘时，它就会停下移动，无论怎样继续向"外"挪动鼠标，指针的位置都不会改变。用户可以很轻松地点击到处于角落的交互元素，只要将鼠标向角落的方向猛地划过去就行，屏幕边缘会自动将指针限定在角落的位置上。这也正是Windows的开始按钮以及Mac的系统菜单被放置在左下角或左上角的原因之一。如图2-5所示。

图2-5   用户可以很轻松地点击到处于角落的交互元素

② 顶部和底部   与"角落"类似，由于屏幕边缘的限制，界面顶部和底部也是容易定位和点击的位置，不过确实没有角落更容易，因为这两个位置只在纵向上受到了约束，在横向上依然需要用户手动定位；但怎样都比边缘以内的元素更容易点击。出于这个原因，苹果将菜单放置在了整个屏幕的顶部，也就是最顶端的位置，而不是像Windows那样只将菜单放在了当前活跃窗口自身的顶部。如图2-6所示。

图2-6   苹果将菜单放置在了整个屏幕的顶部，比边缘以内的元素更容易点击

（3）弹出菜单

让弹出菜单呈现在鼠标指针旁边，可以减少下一步操作所需要的移动距离，进而降低操作时间的消耗。如图2-7所示。

图2-7　弹出菜单与鼠标指针的相对位置

费兹定律可以在不同的平台中以不同的形式发生作用，要打造上乘的产品体验，我们就需要了解这些作用形式。特别是在移动设备上，我们会面临很多在传统桌面设备中不曾遇到的挑战与变数。当然，费兹定律绝不是唯一需要考虑的设计原理，但绝对是非常常用的、几乎会在界面设计过程中时时处处体现出来的一个设计定律。

2.1.2 席克定律

先来看看下面的一张漫画（见图2-8），是不是觉得在日常的生活工作娱乐中自己患上了选择困难症？也许这并不是你的错，而是对方给予的选项太多。

Hick's Law（席克法则）中说道：一个人面临的选择（n）越多，所需要作出决定的时间（T）就越长。用数学公式表达为：

$$RT = a + blog_2^2 n$$

图2-8　质疑自己患上了选择困难症

式中　RT——反应所需时间：

　　　　a——与做决定无关的总时间（比如说前期认知和观察时间、阅
　　　　　　读文字、移动鼠标去按钮等）；

　　　　b——根据对选项认识的处理时间（从经验衍生出的常数，对人
　　　　　　来说约是0.155s）；

　　　　n——具有可能性的相似答案总数。

数学公式象限图如图2-9所示。

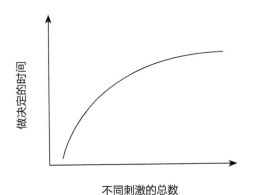

图2-9　数学公式象限图

　　转换成我们听得懂的语言就是：当选项增加时，我们做决定的时间就会相
应增加。

　　听起来深奥，但它们其实就藏在我们每一天的生活之中，一点也不难懂。
请看下面的三幅图（图2-10～图2-12）。

图2-10　路标越多，驾驶员要根据目的地而决定转弯与否的时间就会越长

图2-11　当选项增加时，使用者从简单选单中选择项目的时间也会增加

图2-12   控制按键越多,使用者花在做出简单调整决定的时间就会越长

以上这三张图有没有唤起你心中某些痛苦的记忆呢?过多功能和选项的罗列会让人苦恼,这时就可以利用席克定律来改变它。

如果在流程、服务或产品中"时间就是关键",那么请把与做决定有关的选项减到最少,以减少所需的反应时间,降低犯错的概率;也可以对选项进行同类分组和多层级分布,这样用户使用的效率会更高,时间会更短。

除了前面的范例之外,席克定律另外一个要点,就是适用于必须快速作出反应的紧急状况处理。在设计障碍排除或是紧急意外处理界面时,必须删除一切不是绝对必要的选项。例如飞机的逃生门、火车的紧急停驶装置或是大楼的灭火设备等,在这些有关生命安全的危机处理过程之中,选项并不是使用者的朋友,而是他们必须克服的障碍。如图2-13所示。

但席克法则只适合于"刺激——回应"类型的简单决定,当任务的复杂性增加时,席克法则的适用性就会降低。如果设计包含复杂的互动,请不要依靠

图2-13　紧急逃生装置的操作方式必须绝对简洁

"席克定律"做出设计结论，而应该根据实际的具体情况，在目标群体中测试设计。

2.1.3 操纵定律

如果单纯从费兹定律的角度来看，按鼠标右键就可弹跳出来的快捷选单（contextual menu），似乎此固定的选项便利许多。因为不管游标到哪里，只要按下右键，快捷选单就可以出现在那里，这似乎缩短了游标与目标物件之间的距离。但在讨论快捷选单的使用时，还必须注意到另外一个被称为操纵定律（steering law）的概念。操纵定律所研究的，是使用者以鼠标或其他装置来操控游标，在经过一个狭窄通道时所需要的时间。操纵定律的结论显示，通道的宽度对于所需时间有决定性的影响，通道愈窄，使用的困难度就愈高，时间也就会相对延长。

操纵定律的公式为：

$$T=a+b\ A/W$$

式中　T——时间；

a——预设设备的起始时间常数；

b——预设设备移动速度常数；

A——在通道内移动的距离；

W——通道的宽度。

在通道宽度很宽的情况下，操纵定律几乎对所需时间没有任何影响，以快捷选单为例，通常选单的宽度都非常足够，因此如果只需要在其中做上下的移动，并不会有任何可用性的问题。可是一旦使用者须横向移动进入到下一个副选单，这个时候的通道就只剩下该选项的高度而已，因此在操作上就会相对变得困难，这个问题在多层次的级联选单（hierarchical cascading menu）中经常出现，因为使用者必须连续通过好几个狭窄的通道才能点选需要的选项，因此就算移动的距离并不长，使用上仍不一定便利。如图2-14～图2-16所示。

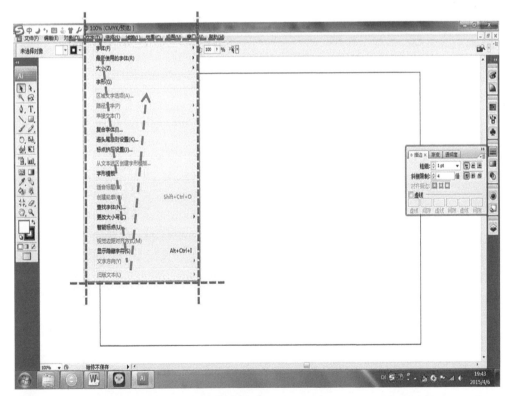

图2-14　在通道很宽的情况下，使用者还是能够自由地在其中移动，因此在级联选单中上下游移，速度并不会受到太大影响

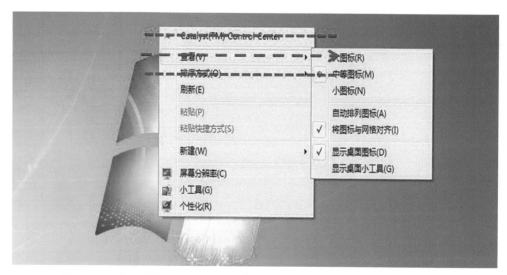

图2-15　在级联选单中横向移动则必须小心翼翼，因为此时通道的宽度变得很窄

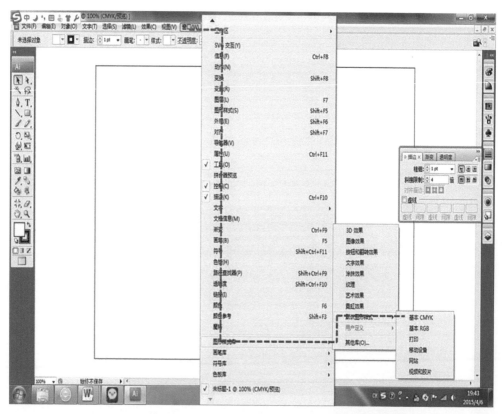

图2-16　在多层次的级联选单中操控鼠标的困难度会影响移动的速度

为了克服级联选单的弊病，Windows XP操作系统特别设计了一个短暂的延迟机制，让使用者就算不小心滑出了预设的通道，副选单也不致于立刻消失。这个机制可以说是有效的，但这种延迟却也让操作系统感觉上反应有些迟缓，在此值得特别提出来讨论的，是Mac OS操作系统在级联选单设计上的巧思。

Apple公司在使用性方面的创意举世闻名，与费兹定律相关的实例，就是早期iPod的同心圆的控制键排列方式，它颠覆了传统直线式的排列，让所有选项都与拇指位置接近以方便操作，面对操纵定律的挑战，Apple则与Microsoft采取了不同的策略。Apple的操作系统，并不会一视同仁地进行延迟，而是预设了两个让副选单维持开放的条件：其一是使用者的游标，必须朝着副选单的方向行进；其二是游标的移动速度，必须维持在特定的最低速限之上。如此一来，使用者只要不是朝副选单方向移动，副单就会迅速地关闭；但如果光标正在朝正确方向移动，用户就算抄近路跨出默认通道，也一样可以抵达想点选的选项位置。如图2-17所示。

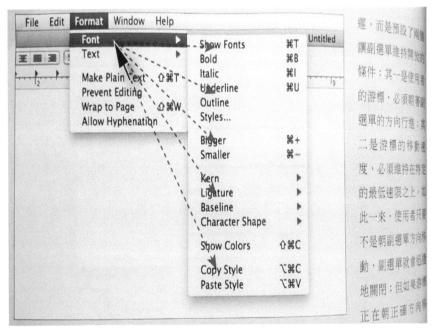

图2-17　Apple的快捷键只允许使用者走捷径，只要是快速朝副选单方向行进，副选项就会维持开放

这个设定成功的关键，在于速限的设定。设计者必须能成功地估算，一般使用者要朝复选单移动的时候，大约会采取什么样的速度。而Apple公司成功的关键，其实就是这种使用经验细节上的贴心和巧思。

2.1.4 泰思勒定律

本节所要介绍的下一个定律"泰思勒定律"，又被称为"复杂不灭定律"（the law of conservation of complexity）。赖瑞·泰思勒（Larry Testler）是著名的人机交互设计师，曾任职于Xerox PARC、Apple、Amazon和Yahoo等著名的科技公司。他所提出的这个定律没有任何方程式，也与数学无关，它是对于互动设计精神的一种阐述。

泰思勒定律全文为："每一个程序都必然有其与生俱来、无法缩简的复杂度。唯一的问题，就是谁来处理它。"意思是：与物质不灭相同，"复杂度"这个东西也不会凭空消失，如果设计者在设计时不花心思去处理它，使用者在使用的过程中便需要花时间去处理。以先前所提的操纵定律为例，如果Apple公司的设计师不花时间让级联选单变得简便，那么Apple计算机的使用者，就必须在操作时多花时间和精力去面对这个问题。

该定律认为每一个过程都有其固有的复杂性，存在一个临界点，超过了这个点过程就不能再简化了，只能将固有的复杂性从一个地方移动到另外一个地方。如对于邮箱的设计，收件人地址是不能再简化的，而对于发件人却可以通过客户端的集成来转移它的复杂性。图2-18为泰思勒示意图。

针对这个观念，泰思勒在访谈中曾经进一步阐释："如果工程师少花了一个礼拜的时间去处理软件复杂的部分，可能会有一百万名使用者，每个人每天都因此而浪费一分钟的时间。你等于是为了简化工程师的工作而去惩罚使用者。到底谁的时间对你的企业比较重要呢？对于大众市场的应用软件而言，除非你已经有了决定性的市场独占位置，否则的话，客户的时间绝对比你的时间珍贵。"这一番话，就是泰思勒当年在Apple公司，刚刚开始推动图像化使用界面

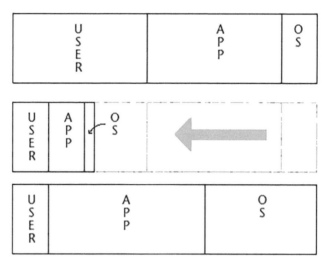

图2-18　泰思勒定律示意图

设计时所提出的一个理念。图像化界面的设计和程序撰写，增加了工程师的工作负担，却也因此提升了使用者的便利，成功地促成了数字科技的普及化。

　　我们可以延续泰思勒定律的讨论，进一步讨论复杂度这个概念。事实上泰思勒所提的"决定性市场独占位置"，一样不能完全保障产品或企业的成功，以排版软件QuarkXPress为例，在1998年，QuarkXPress已经叱咤风云将近十年，并且以80%的市占率雄霸纸本出版界，但该公司却因此沉溺在成就之中，忽略了使用者的需求与要求。在Adobe公司于1999年推出InDesign之后，QuarkXPress市场逐渐流失，在2005年前后，InDesign的销售量已经远远超越QuarkXPress。

　　一般而言，使用者对于复杂的容忍度，与专业需求成正比。非专业的互动产品没有复杂的本钱，因为使用者总是会去选择最为便利的产品。为了专业上的需要，人们愿意花时间去学习使用专业性的互动软硬件产品。就像设计师可以花时间去学习使用QuarkXPress，甚至于多年来忍受它的诸多不便。但使用者对于复杂的容忍度，却和等质的竞争产品成反比。因此InDesign软件的出现，让平面设计师有了一个新的选择，许多人便毅然决然放弃了熟悉的QuarlXPress。所以我们其实可以将这个结论，归纳成为本节所介绍的最后一个定律："复杂的容受度=专业需求／等质竞争产品数量。"这是值得我们从事互动设计工作时谨记于心的一个教训。

2.1.5 奥卡姆剃刀原理

奥卡姆剃刀原理（见图2-19）也被称为"简单有效原理"，由14世纪世纪哲学家、圣方济各会修士奥卡姆的威廉（William of Occam，约1285—1349年）提出。这个原理是告诫人们"不要浪费较多东西去做用较少的东西同样可以做好的事情。"后来以一种更为广泛的形式为人们所知——即"如无必要，勿增实体。"也就是说：如果有两个功能相等的设计，那么我们选择最简单的那个。

图2-19　奥卡姆剃刀原理

一个简洁的网页能让用户快速地找到他们所要找的东西，当在销售商品时这尤为重要。如果网页充斥着各种没用的文章、小工具和无关的商品，浏览者会觉得头晕、烦躁、愤怒……并迅速地关闭浏览器。简单页面的优势有很多：

（1）简洁的页面能更好地传达出所想要表达的内容

简单的页面让用户一眼就能找到他们自己感兴趣的内容，让他们看起来更舒服，更能专心于你要表达的内容上。而复杂的页面会让访客一时找不到信息的重点，也分散了访客的注意力。如果我们要用一个页面来展示产品，采用三竖栏的结构就会显得很复杂；若采用两竖栏来展示，宽的竖栏做图片展示和性能介绍，窄的做次要的介绍或图片导航，这样能带给访客更好的阅读效果，顾客更有耐心阅读，设计师所要通过网站表达的内容也就能更好地传递到用户眼前。如图2-20、图2-21所示。

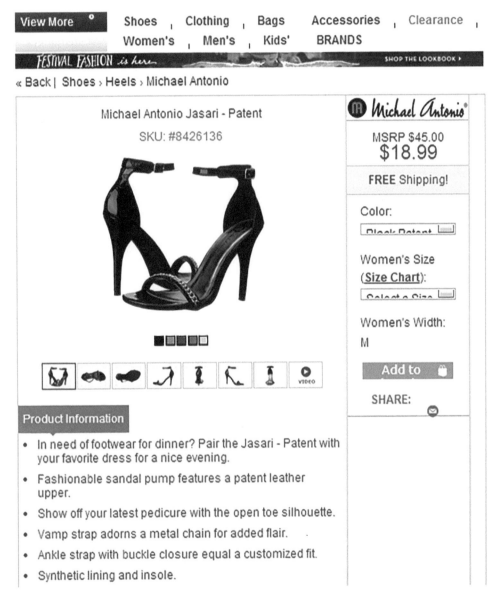

图2-20　美国大型服装销售网站6pm.com

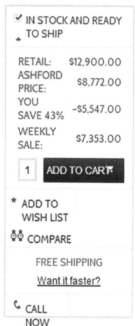

图2-21　Ashford是美国最早的网上手表商城之一

（2）简单页面更容易吸引广告投放者

　　精明的广告商们有充足的经验去选择广告的投放，他们看中的是广告的点击率、转化率，而不仅仅是网站的流量。虽然复杂的网站会有很多被展示的机会，但是因为网站复杂而且内容多，顾客点击网站广告的概率就会比较小，广告效果可能还不如那些展示次数较少的简单页面。所以简单的网站可能会更加吸引那些广告商们，一个屏幕只有那么大，网站的东西越简单那么放置广告的地方就越明显，越容易吸引他人注意和点击。如图2-22所示。

（3）简单的页面能给访客带来更好的用户体验

　　相信很多朋友在寻找网页的时候采取的观点是实用第一，美观第二，何况

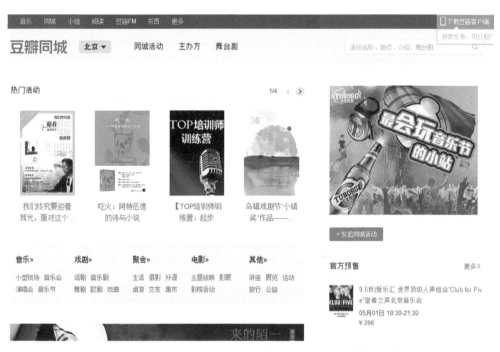

图2-22   最右边的"最会玩音乐节的小站"广告相对更加醒目

简约型的网站不一定就不美观。对比百度和搜狐这两个网站，如果大家想使用
搜索引擎功能，相信大部分人会选择简单高效的百度搜索，这是为什么呢？在
技术上这两个搜索引擎不分伯仲，而最主要的差距就在于网站的页面设计风
格。从一个巨大的页面里找到那一点点所要用的搜索引擎框是很痛苦的，相信
很多朋友都有类似的感觉。所以简洁的网站页面能给访客带来更好的用户体
验。如图2-23所示。

（4）简单的页面效率更高

　　与那些复杂网站页面相比，简单的页面能够更为快速地打开。现如今，什
么都讲求效率、速度，若网站没有及时打开，用户就会失去打开网站的兴趣而
选择其他网站了。搜索引擎的结果如此之多，用户首先看到的是最先打开的页
面。这样如果将网站页面设计得过于复杂，可能就会失去潜在的访客了。

　　现在想必大家已经了解到简单页面的重要性了，那么该如何科学地设计一
个简单的页面呢？

新闻　hao123　地图　视频　贴吧　登录　设置　更多产品

百度一下

把百度设为主页　关于百度　About Baidu

©2015 Baidu 使用百度前必读 意见反馈 京ICP证030173号

图2-23　百度搜索界面

（1）只放置必要的东西

简洁网页最重要的一个方面是只展示有作用的东西，其他的都不展示。这并不意味着不能提供给用户很多的信息，而可以用"更多信息"的链接来实现这些。

（2）减少点击次数

让用户通过很少的点击就能找到他们想要的东西，不要让他们找一个内容找得很累。

（3）"外婆"规则

如果你的外婆（或其他年老点的人）也能轻松地使用你的页面，你就成功了。

（4）减少段落的个数

每当网页增加一段，页面中主要的内容就会被挤到一个更小的空间。那些段落并没有起到什么好的作用，而是让顾客们知道更多他们不想了解的东西。

（5）给予更少的选项

做过多的决定也是一种压力，总体来说，用户希望在浏览网页的时候思考

的少一点。我们在展示内容的时候要努力减少用户的思维负担，这样就会使浏
览者使用更顺畅，心态更平和。

　　在这些方面，苹果的官方网站都做得很好。苹果公司用一种很有效和非常
有礼貌的方式提供了足够多的信息，所有的文字、链接和图片都很集中，并没
有一些使用户分心的广告和其他商品不需要的信息。如图2-24所示。

图2-24　苹果官方网站界面设计

　　正如爱因斯坦所说：万事万物应该最简单（Make everything as simple
as possible，but not simpler）。搞懂了奥卡姆剃刀原理，不仅设计会变得更简
单实用，也许还能从中悟出简单生活的哲学。

2.1.6 神奇数字 7±2 法则

　　1956 年乔治·米勒对短时记忆能力进行了定量研究，他发现人类头脑最
好的状态能记忆含有7（±2）项信息块，在记忆了 5～9 项信息后人类的头脑
就开始出错。与席克定律类似，神奇数字 7±2 法则也经常被应用在移动应用
交互设计上，如应用的选项卡不会超过 5 个。如图2-25所示。

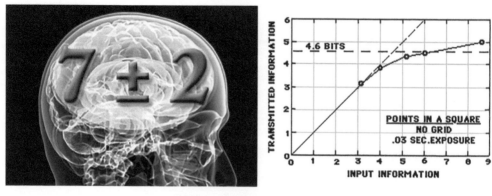

图2-25　神奇数字 7±2 法则

2.1.7 接近法则

根据格式塔（Gestalt）心理学：当对象离得太近的时候，意识会认为它们是相关的。在交互设计中表现为一个提交按钮会紧挨着一个文本框，因此当相互靠近的功能块是不相关的，就说明交互设计可能是有问题的（格式塔心理学相关定律会在后面的章节阐述）。如图2-26所示。

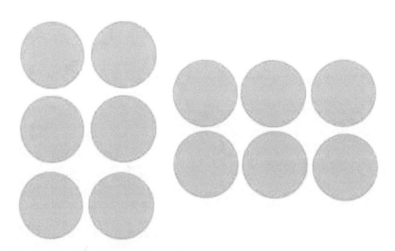

图2-26　接近法则

2.2 完形组织法则的六个概念

　　在20世纪初，格式塔理论首先被Max Wertheimer提出。这种心理哲学的提出包含感知、感知经验和相关刺激模式。格式塔理论的基本概念是："整体大于部分之和"。当我们的感知遇到复杂元素时，我们在看到各个部分之前首先看到的是整体。作为设计师如果我们了解这个心理学原理，就可以在设计时更有全局意识。

　　格式塔心理学科是认知心理学中的一个重要理论，在视觉设计中已经有较大的影响，它与UI设计的关系尤其密切。

2.2.1 图形 – 背景关系法则

　　完形心理学所讨论的其中一个重点，在于人类会自动选择视觉主体的习惯，而且，这个主体及背景之间的相互关系，还是可以前后反转的。图2-27就是这个观念最著名的范例，如果把焦点放在黑色的部分，将会看到一个高脚杯，但如果把焦点放在白色的部分，所看到的就是两个人的侧面剪影。

图2-27　著名的主体与背景反转的案例

对于观者而言，这种视觉上的游戏是有趣的，因此许多公司的商标设计，都会用到这个概念，图2-28是美国USA电视台的标志，S这个字母，完全由u和A之间的留白所构成，是善用主体及背景相互关系的一个范例。

图2-28　美国USA电视台的标志

如果我们将主体及背景的观念往前推进，在构图和界面设计上也有一些值得注意的地方。看图2-29的两个界面设计范例，尽管两组设计都有五个选项，但右边的设计看起来就十分散乱。左边的设计有明确的主体及背景关系，因此一个浅蓝背景加上黑色的主体字，就成为一个按钮；而右边设计中的黑色线框与黑字之间，并没有明确的主从关系，因此成为相互竞争的视觉元素。

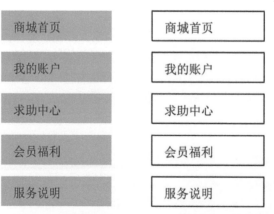

图2-29　右边的设计没有明确的主从关系，因此视觉上看起来特别散乱

在用户看来，页面中的元素要么是图形，要么是背景。Steven Bradley总结出了三种类型的图形——背景关系，如图2-30所示。

（1）稳定型

［图2-30（左）］可以很明显地看出，圆形是图像，而灰色空间是背景。

（2）可逆型

［图2-30（中）］空间与背景可以相互转换，整个页面显得十分有灵动之感。

（3）模糊型

［图2-30（右）］图片与背景的界限模糊不清，观看者需要自行解释空间与背景的关系。

图2-30　背景关系

Moddeals网站采用是一种较为经典的图形——背景关系。当页面中的广告浮现时，网页的其余部分就会变暗，自动转化为背景。在这种情况下，用户依然可以拖动页面，然而广告还是会作为独立于背景的一部分停留于原处（图2-31）。

而电影宣传网站Tannbach处理图形-背景关系的手法就更为微妙。为了突出电影中的人物关系，这个页面的设计师采用了模糊背景的方式来强化页面中的两个人物。通过对色彩和排版的巧妙运用，左上角的"互动区"成为了事实上的"一级图形"，而页面中的那一对男女则成为"次级图形"。这样一来，用户既能迅速辨认出页面中的人物，同时也能够理解如何使用网站的导航（图2-32）。

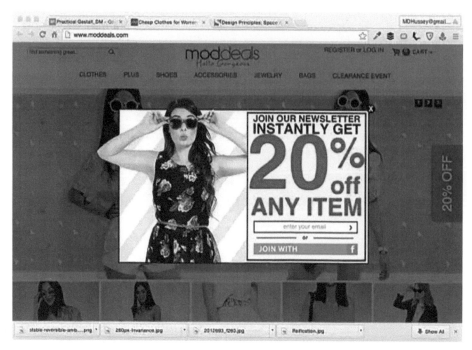

图2-31 Moddeals 网站设计

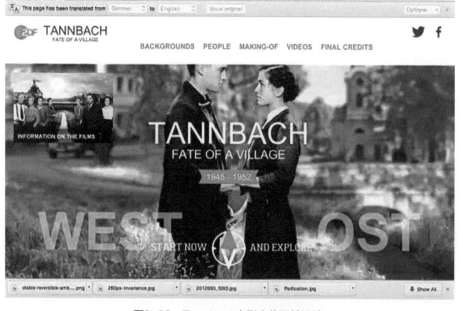

图2-32 Tannbach电影宣传网站设计

2.2.2 邻近法则

邻近度的基本概念，就是人类会将距离接近的对象，自然而然地视为是同一个组群。以图2-33为例，九个圆圈依照距离排列的不同，就可以在视觉组织上形成一个组群（a）、两个组群（b）或是三个组群（c）。

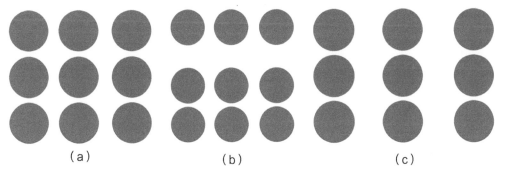

（a）   （b）   （c）

图2-33   同样九个圆圈，可以用临近度来进行不同的组织归纳

以图2-34为例，尽管颜色和形状不同，但左边的三个图案，在视觉上会自然被归类成为一个组群。

图2-34   临近度的组织能力超越形状和色彩

即便是外观不同的东西，也可以通过一定的安排使它们更为接近。根据格式塔原理，至少有两种方法可以加强事物的相似性：

① 闭合状态将不同的事物集中置于一定的界限内，也会给观看者造成一种"一致"的印象。

② 密集状态即便是不同类型的事物，当距离很密集的时候也会具有某种相似性。

图2-35所示的这张Facebook的截图就体现了闭合状态与密集状态的作用。

整个正文部分——标题、照片、说明、评论等都是在同一个方框里，与灰色的背景形成对比，这一点既体现了闭合状态，也体现了图形——背景关系。在正文部分中，"赞""评论""分享"等功能选项离得很近，更不用说文字大小、颜色等细节的近似度了。

这么做还有一个理由，就是为了点击方便，因为这种方式可以把用户与供用户点击的目标之间的距离拉得更近。

图2-35　Facebook的截图

由此可见，邻近度是视觉心理学中相当强而有力的一项工具，它的组织功能，能够超越色彩和形状的相似度。

2.2.3 相似法则

与邻近度相同，相似度也是资讯架构规划的一大利器。相似度的基本概念，就是人类会将特质相似的物品，视为同一个组群，而"特质相似"在视觉上，主要有颜色、造型、大小和肌理等四个不同的元素可供运用。在这四个元素之中，颜色是最具有凝聚力量的一种元素，从图2-36的范例中就可以看出来，尽管大小和造型不同，只要颜色相同，就很容易会跳出来成为一个组群。不过在运用色彩这个元素时，要注意到色盲人口的比例。根据相关统计显示，红绿色盲人口约占全球人口总数的8%，这些色盲人口当中约6%人口为三色视觉（色弱），2%人口为二色视觉（色盲），极少数为单色视觉（全色盲）。因此在做设计时，除了色相（hue）的差异之外，一定要注意到明度（luminance）的差异，才能照顾到色盲或色弱的族群。

（a）散乱排布的不同颜色和形状的图形

图2-36

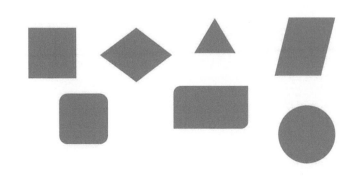

（b）颜色相同的会被归类为一个组群

图2-36　相似度分类——颜色

　　造型是另一个强而有力的相似度分类法，在一群不同的造型之中，人类能够很快就找到相类似的造型特征，并且将之归类成不同的组群（图2-37）。

图2-37　造型相同或相似会被归类为一个组群

与颜色和造型相比，肌理和大小的相似度就不太容易辨认。肌理是一种增加视觉质感的好方法，但从辨识的角度来看不太容易找到细微的差异。大小也是一种比较含糊的元素，尤其是在造型不相同时，尺寸大小的比较非常不容易辨认。如图2-38所示，一般人应该可以看出来这些圆点的大小有些差异，但要指出到底有几种不同的尺寸并不容易，因为与形状或颜色相较，大小的相似度不太容易辨认。

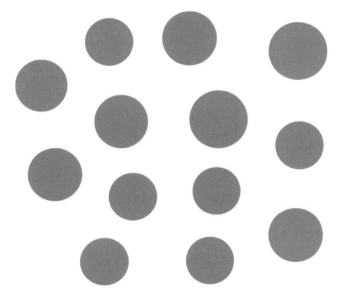

图2-38　与形状或颜色相比较，大小的相似度不太容易辨认

相似度在设计方面的运用，可以分为两个截然不同的方向。其一是利用相似度来作整合，相对的做法，则是用差异性来凸显。

利用相似度来作整合，对于极其注重信息传播时效网页设计而言是个非常有用的启示，可以通过创建一系列外观近似的图形来迅速而直接地传达出它们的功能或目的。

如图2-39所示设计工作室Green Chameleon的页面，我们可以看到，导航图标看起来虽然各不相同，但由于这些导航图标在颜色、大小、排列上的近似性，用户会将它们默认为同一级别的导航功能。这一导航模式特别适用于组织竖排的导航图标，因为它可以在不牺牲导航功能的情况下，很直观地把各个导航图标的功能表达清楚。

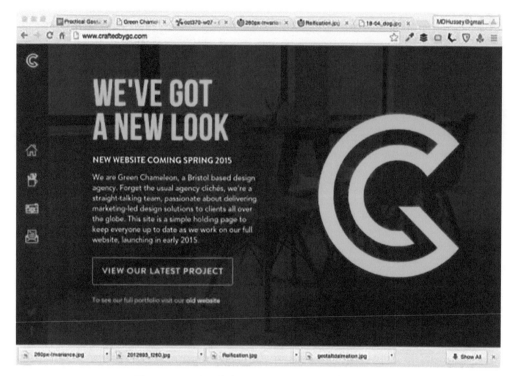

图2-39　设计工作室Green Chameleon网页设计

用差异性来凸显的做法，对于内容复杂的网站特别有效，必须展示各种不同字形的Typographica网站（如图2-40所示），也用了类似的设计技巧。

图2-41为国外某旅游杂志界面设计，则是同时示范了相似度整合和差异性凸显两个原则。一方面，该杂志以相同的框线将所有一般性的文章归类，如此一来，很容易就凸显出了他们想要标示的几个重点项目，是典型的"一石二鸟"之计。

设计师如果能善用这一法则的话，就可以更有效地传达信息和节约页面空间，从而为用户提供更好的使用体验。

图2-40 Typographica网站

图2-41 食品公司Burger King界面设计

2.2.4 闭合法则

闭合法则其实就是格式塔原理中的"具体化"现象的体现。我们的大脑能自动通过添加界线来补全不完整的图像。设计师可以利用这条法则去创作貌似残缺不全的图形，在这条法则的指导下，设计师还可以尽情创作出典雅的极简主义作品。

如图2-42所示为Abduzeedo网站的截屏。虽然构成页面的三部分内容之间并没有明确的界线，但图片的排列方式让观看者在大脑中自动形成了某种"网格"。因此，观看者会把页面内容看成是独立的三列，而不是一个混乱的整体。

HOME   COLLECTIONS   TUTORIALS   ABOUT   SIGN UP   LOGIN   SEARCH

图2-42　Abduzeedo网站设计

闭合法则也适用于交互设计中。在Urban Outfitters页面中（图2-43），通过利用闭合法则，帮助用户省略了一些不必要的步骤，使"添加到购物袋"这一操作变得更为顺利。请点击GIF动画查看用户点击"添加到购物袋"之后的操作步骤：

① 原来"添加到购物袋"按钮中的文字会变成"已添加"。

②"购物袋"旁边的物品数量会随之更新。

③ 同时，购物袋选项下会出现一个小小的方形窗口，以视觉形式再次确认用户已购买的物品。

这样，用户不用再去打开购物车确认已添加的物品。通过省略操作步骤，整个互动过程变得更为顺畅愉快。

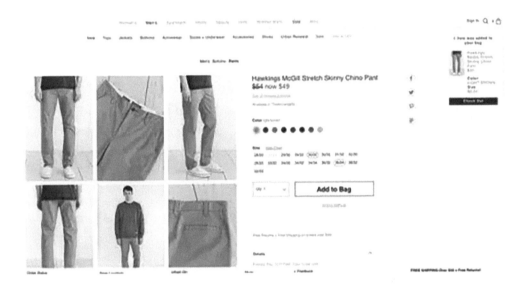

图2-43　Urban Outfitters网站设计

2.2.5 延续法则

这个法则认为，当用户的目光沿着一系列物体移动时，脑中会形成一个逐渐增强的"定势"。这个法则使设计中线条的作用凸显。

在图2-44中，观看者会看到一条直线和一条曲线而不是一条弯曲的黑线和另一条弯曲的红线。这说明在视觉中，目光的延续性已经超过了颜色造成的差异。这意味着，在用户看来，处在同一条直线或曲线上的物体是高度近似的。

以图2-45钟表面上的数字排列为例，如果设计师不把数字安排在同一个圆弧线上，看起来就会像是各自独立的一堆数字，而不是属于同一组的数字。

图2-44　目光的延续性

图2-45　两个钟表的数字排列比较，右边的似乎破坏了
延续性的线条，辨认时间的困难度就会增加

　　同理可证，整齐排列的直线也有延续性，Google的商标运用就是一个很有趣的例子，用重复的"O"去延续商标的整体性。如图2-46所示。

Gooooooooooogle

图2-46　Google的商标用重复的"O"去延续商标的整体性

　　这一点在导航按钮的设计中体现得再明显不过，用户一般会把同一个水平线上的图标默认为是同一个级别的操作。

　　图2-47的截图取自CreativeBloq网站，用户可以很直观地理解最上面的一排

导航与网页内容的类型有关。而第二行的导航与内容的条目有关。网站不用专门指出它们的不同，因为根据延续法则，用户可以自己辨认得出它们的差异。

图2-47　CreativeBloq网站导航设计

2.3 Shneiderman 界面设计八大黄金法则

从Mac到PC，从移动设备到虚拟现实，以及未来可能出现的任何互动科技，只要涉及到人与界面之间的交互设计，就不得不提及Ben Shneiderman的八大黄金法则。苹果，谷歌和微软设计的产品都反映了Shneiderman的法则，这些行业巨头制定的用户界面指南都包含Shneiderman黄金法则中的特征，而这些公司的热门界面设计则是法则的视觉体现。

2.3.1 八大黄金法则

用户界面交互设计的八项黄金法则是1998年由Ben Shneiderman提出的。Ben Shneiderman（本·施耐德曼），现任马里兰大学学院公园分校计算机科学系教授，是人机交互实验室的创建者，同时也是该校高级计算机研究所（UMIACS）及系统研究所（ISR）成员。他是ACM（美国计算机学会）和AAAS（美国科学促进协会）的特别会员，获得了ACM CHI（美国计算机学会计算机人机交互）的终身成就奖。

（1）力求一致性

当在设计类似的功能和操作时，可以利用熟悉的图标、颜色、菜单的层次结构、行为召唤、用户流程图来实现一致性。规范信息表现的方式可以减少用户认知负担，用户体验易懂流畅。一致性通过帮助用户快速熟悉产品的数字化环境从而更轻松地实现其目标。

（2）允许频繁使用快捷键

随着使用次数的增加，用户需要有更快地完成任务的方法。例如，Windows和Mac为用户提供了用于复制和粘贴的键盘快捷方式，随着用户更有经验，他们可以更快速、轻松地浏览和操作用户界面。

（3）提供明确的反馈

用户每完成一个操作，需要系统给出反馈，然后用户才能感知并进入下一步操作。反馈有很多类型，例如声音提示、触摸感、语言提示，以及各种类型的组合。对于用户的每一个动作，应该在合理的时间内提供适当的、人性化的反馈。如设计多页问卷时应该告诉用户进行到哪个步骤，要保证让用户在尽量少受干扰的情况下得到最有价值的信息。体验不佳的错误消息通常会只显示错误代码，对用户来说这毫无意义。作为一名好的设计师，应该始终给用户以可读和有意义的反馈。如图2-48所示。

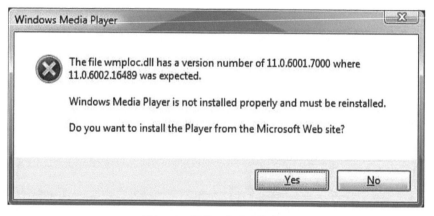

图2-48　提供用户明确的反馈

（4）设计对话，告诉用户任务已完成

不要用户猜来猜去，应告诉他们其操作会引导他们到哪个步骤。例如，用户在完成在线购买后看到"谢谢购买"消息提示和支付凭证后会感到满足和安心。

（5）提供错误预防和简单的纠错功能

用户不喜欢被告知其操作错误。设计时应该尽量考虑如何减少用户犯错误的机会，但如果用户操作时发生不可避免的错误，不能只报错而不提供解决方案，请确保为用户提供简单、直观的分步说明，以引导他们轻松快速地解决问题。例如，用户在填写在线表单忘记填写某个输入框时，可以标记这个输入框以提醒用户。

（6）应该方便用户取消某个操作

设计人员应为用户提供明显的方式来让用户恢复之前的操作，无论是单次动作、数据输入还是整个动作序列后都应允许进行返回操作，正如Shneiderman在他的书中所说："这个功能减轻了焦虑，因为用户知道即便操作失误，之前的操作也可以被撤销，鼓励用户去大胆放手探索。"

（7）用户应掌握控制权

设计时应考虑如何让用户主动去使用，而不是被动接受，要让用户感觉他们对数字空间中一系列操作了如指掌，在设计时按照他们预期的方式来获得他们的信任。

（8）减轻用户记忆负担

人的记忆力是有限的，我们的短时记忆每次最多只能记住五个东西。因此，界面设计应当尽可能简洁，保持适当的信息层次结构，让用户去再认信息而不是去回忆。再认信息总是比回忆更容易，因为再认通过感知线索让相关信息重现。例如，我们经常发现选择题比简答题更容易，因为选择题只需要我们对正确答案再认，而不是从我们的记忆中提取。被《彭博商业周刊》称为"世界上最具影响力的设计师之一"的Jakob Nielsen发明了几种可用性研究方法，包括启发式评估。信息再认而非回忆就是Nielsen界面设计10种可用性启发式原则之一。

2.3.2 Shneiderman 8 大黄金法则在苹果 UI 设计上的应用

苹果整合Shneiderman的八项黄金法设计出成功的产品，他们从Mac到移动设备设计都取得了巨大的成功，他们以产品设计的一致性、直观而美丽为荣。苹果的iOS人机界面指南也告诉我们他们的设计团队如何应用Shneiderman的设计原则。

（1）一致性

"一致性"和"感知的稳定性"在Mac OS的设计中体现得淋漓尽致。不管是20世纪80年代的版本，还是现在的版本，Mac OS菜单栏设计都包含一致的图形元素。如图2-49所示。

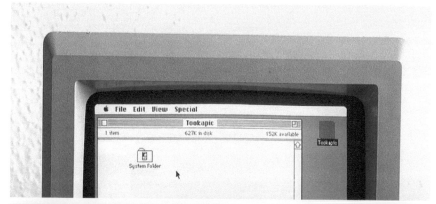

图2-49　Mac OS设计的一致性

（2）快捷操作

Mac允许用户使用各种键盘快捷键，使用频率高的包括复制和粘贴（Command-X和Command-V）以及截图（Command-Shift-3），实现通常需要鼠标、触控板或其他输入设备才能完成的操作。如图2-50所示。

图2-50　Mac允许用户使用各种键盘快捷键

（3）有用信息反馈

　　当用户点击Mac桌面上的文件时，该文件会"突出显示"，这是视觉反馈的一个很好的示例。另外，当用户拖动桌面上的文件夹时，他们可以看到在按住鼠标时，文件夹显示被移动的状态。如图2-51所示。

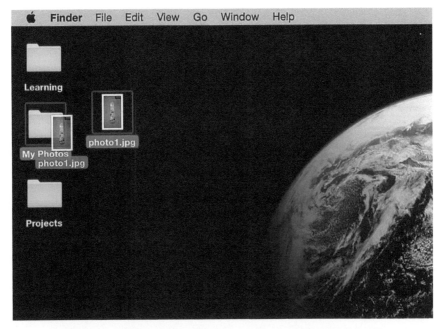

图2-51　当用户点击Mac桌面上的文件时，该文件会"突出显示"

（4）操作流程的设计

当用户将软件安装到Mac OS时，提示信息的屏幕显示用户当前的安装步骤。如图2-52所示。

图2-52　提示信息的屏幕显示用户当前的安装步骤

（5）错误操作的解决方案

在软件安装过程中，如果发生错误，用户将收到友好的提示信息。提供复杂的解决方案，或用户难以理解的解决方案，或只报错不提供解决方案，都是极大影响用户体验、使用户沮丧的关键原因。根据错误操作的严重程度，区分何时使用小的、不会影响用户操作的提醒，以及何时使用大的、侵入式提醒。但当错误操作发生时，请谨慎选择正确的语气和正确的语言提醒用户操作错误。

如图2-53所示，Mac OS通过显示一个温和的提示消息向用户解释出现了什么错误操作及其原因。另外，解释这是由于自己的安全偏好选择，进一步向用户保证，告诉他们一切在掌控范围内。

（6）允许撤销操作

当用户在安装过程中提供信息时发生错误，允许他们重新回到上一步，而不必重新开始（图2-54）。

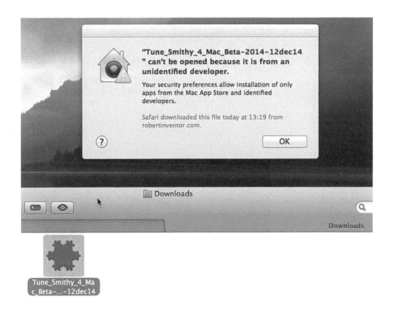

图2-53　Mac OS通过显示一个温和的提示消息向用户解释出现了什么错误操作及其原因

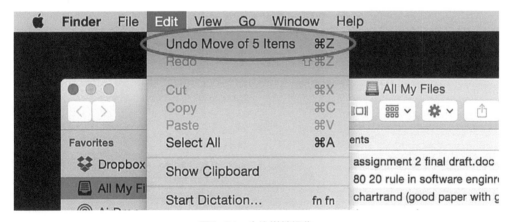

图2-54　允许撤销操作

（7）给用户掌控感

　　让用户有权选择是继续运行程序还是退出程序，Mac的活动监视器允许用户在程序意外崩溃时"强制退出"。如图2-55所示。

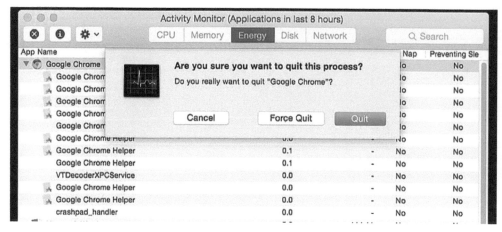

图2-55　给用户掌控感

（8）减少短时记忆负荷

　　由于人类短时记忆每次只能记住5个东西，因此苹果iPhone屏幕底部的主菜单区域中只能放置4个及以下的应用程序图标，这个设计不仅涉及对记忆负荷的考虑，还考虑了不同版本一致性问题。如图2-56所示。

图2-56　减少短时记忆负荷

第 3 章
UI 设计基础

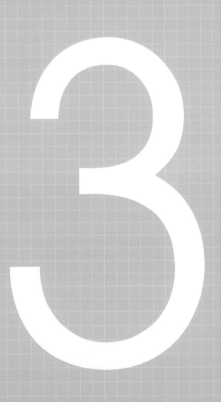

3.1 UI 文字、图片和图标设计

3.1.1 UI 设计中字体的使用

文字是界面设计中不可或缺的基本要素。它的概念不仅仅局限于传达信息，在文字与字体的处理上更是一种提高设计品位的艺术表现手段。根据信息内容的主次关系，通过有效的视觉流程组织编排，精心处理文字和文字之间的视觉元素，而不需要任何图形，同样可以设计出富有美感和形式感的成功作品。应该说文字的编排与设计是成功设计作品的一个关键所在。

在界面设计中，经常会出现一些问题，例如：

① 字体样式太多，导致页面杂乱；

② 使用的字体不易识别；

③ 字体样式或内容的气氛和规范不匹配。

那么怎样避免出现这样的问题呢？

① 通过设计经验可以帮助我们做出更好的版式；

② 了解不同平台的常用字体设计规范；

③ 在每个项目设计中只使用1~2个字体样式，而在品牌自己有明确的规范的情况下，只需要一种字体贯穿全文，通过对字体放大来强调重点文案；字体用得越多，越显得不够专业；

④ 不同样式的字体、形状或系列最好相同，以保证字体风格的一致性；

⑤ 字体与背景的层次要分明；

⑥ 确保字体样式与色调气氛相匹配。

（1）常用的几种字体

在不同平台的界面设计中规范的字体会有不同，像移动界面的设计就会有固定的字体样式，网页设计中会有常用的几个字体。

① 移动端常用字体

　　a. IOS　常选择华文黑体或者冬青黑体，尤其是冬青黑体效果最好，常用英文字体是Helvetica系列，在欧美平面设计界，流传着这样一句话："无衬线字体的百年演变，其终极表现就是Helvetica。"这句话虽然稍显夸张，却恰如其分表现出Helvetica的重要地位。作为瑞士的Haas Foundry公司在20世纪50年代推出的代表性字体，Helvetica不仅是世界上使用范围最广的拉丁字母字体，更在法律、政治、经济界发挥了微妙作用，成为了超越平面设计本身的文化现象。

　　Helvetica字体如图3-1所示。

ABCDEFGHIJKLMN OPQRSTUVWXYZÀ ÅÉÎabcdefghijklmn opqrstuvwxyzàåéî& 1234567890($£.,!?)

图3-1　Helvetica字体

　　b. Android　英文字体：Roboto；中文字体：Noto，如图3-2、图3-3所示。

Droid Sans Fallback

图3-2　Roboto字体

安卓APP标准中文字体

壹贰叁肆伍陆柒捌玖拾

图3-3　Noto字体

② 网页端常用字体

a. 微软雅黑／方正中黑　微软雅黑系列在网页设计中使用得非常频繁，这款字体无论是放大还是缩小，形体都非常规整舒服，如图3-4所示。在设计过程中建议多使用微软雅黑，大标题用加粗字体，正文用常规字体。

微软雅黑体
微软雅黑体
AXCNHIOP
AXCNHIOP

图3-4　微软雅黑系列字体

方正正中黑系列如图3-5所示，中黑系列的字体笔画比较锐利而浑厚，一般应用在标题文字中。但这种字体不适用于正文中，因为其边缘相对比较复杂，文字一多就会影响用户的阅读。

方正正粗黑简体
0123456789
FZZCHJW

图3-5　方正正中黑系列字体

　　b．方正兰亭系列　整个兰亭系列的字体有大黑、准黑、纤黑、超细黑等，如图3-6所示。因笔画清晰简洁，这个系类的字体就足以满足排版设计的需要。通过对这个系列的不同字体进行组合，不仅能保证字体的统一感，还能很好地区分出文本的层次。

方正兰亭黑
abcdefghijklmopqr stuvwxyz
ABCDEFGHIJKLMOPQR STUVWXYZ

图3-6　方正兰亭系列字体

　　c．汉仪菱心简/造字工房力黑/造字工房劲黑　这几个字体有着共同的特点：字体非常有力而厚实，基本都是以直线和斜线为主，比较适合广告和专题使用。在使用这类字体时我们可以使用字体倾斜的样式，让文字显得更为有活力。在这三种字体中（图3-7），菱心和造字工房力黑在笔画、拐角的地方采

图3-7　从上到下依次是汉仪菱心简字体、造字工房力黑字体、造字工房劲黑字体

用了圆和圆角，而且笔画也比较疏松，更多的是有些时尚而柔美的气氛；而劲黑这款字体相对更为厚重和方正，多用于大图中，效果比较突出。

（2）常用的字号

字号是表示字体大小的术语。最常用的描述字体大小的单位有两个：em和px。通常认为em是相对大小单位，px是绝对大小单位。

① px：像素单位，10px表示10个像素大小，常用来表示电子设备中字体大小。

② em：相对大小，表示的字体大小不固定，根据基础字体大小进行相对大小的处理。默认的字体大小为16px，如果对一段文字指定1em，那么表现出来的就是16px大小，2em就是32px大小。因其相对性，所以对跨平台设备的字体大小处理上有很大优势，同时对于响应式的布局设计也有很大的帮助；但缺点是，无法看到实际的字体大小，对于大小的不同，需要精确的计算。

① 移动端常用的字号　导航主标题字号：40～42px，如图3-8所示。偏小的40px，显得更精致些。

图3-8　导航主标题

在内文展示中，大的正文字号32px，副文是26px，小字20px。在内文的使用中，根据不同类型的APP会有所区别。像新闻类的APP或文字阅读类的APP更注重文本的阅读便捷性，正文字号36px，会选择性地加粗，如图3-9所示。

列表形式、工具化的APP普遍是正文采用32px，不加粗，副文案26px，小字20px，如图3-10所示。

图3-9　新闻类的APP　　　　　　　图3-10　列表形式的APP

　　26px的字号还用于划分类别的提示文案，如图3-11所示，因为这样的文字希望用户阅读，但不会强过主列表信息的引导。

　　36px的字号还经常运用在页面的大按钮中。为了拉开按钮的层次，同时加强按钮引导性，选用了稍大号的字体，如图3-12所示。

　　② 网页端常用的字号　网页中文字字号一般都采用宋体12px或14px，大号字体用微软雅黑或黑体。大号字体是18px、20px、26px、30px。

　　需要注意的是，在选用字体大小时一定要选择偶数的字号，因为在开发界面时，字号大小换算是要除以二的，另外单数的字体在显示的时候会有毛边（图3-13）。

（3）常用的字体颜色

　　在界面中的文字分主文、副文、提示文案三个层级。在白色的背景下，字体的颜色层次其实就是黑、深灰、灰色，其色值如图3-14所示。

　　在界面中还经常会用到背景色#EEEEEE，分割线则采用#E5E5 E5或#CCCCCC的颜色值，如图3-15所示。可以根据不同的软件风格采用不同的深浅，由设计师自己把控。

图3-11　26px的字号用于划分类别的提示文案　　图3-12　36px的字号运用在页面的大按钮中

图3-13　耐克运动鞋网页字体设计

灰色
#999999

 背景颜色
#EEEEEE

 深灰色
#666666

 分割线
#E5E5E5

 深黑色
#333333

 分割线深
#CCCCCC

图3-14　常用的字体颜色

图3-15　背景及分割线颜色

3.1.2 UI 设计中图片的使用

（1）图片的位置

在遵循形式美的法则和达到视觉传达最佳效果的前提下，图片在界面上放置的位置是不受任何局限的，但它的位置直接关系到版面的构图和布局。支配版面的四角和中轴是版面的重要位置，在这些点上恰到好处地安排图片，可以相对容易地达到平衡而又不失变化，在视觉的冲击力上起到良好的效果。

① 扩大图片的面积，能产生界面整体的震撼力，如图3-16所示。

 SQUARESPACE

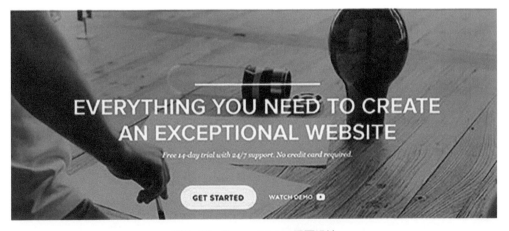

图3-16　Squarespace网页设计

② 在对角线上安置图片要素，如图3-17所示，可以支配整个页面的空间，能起到相互呼应的作用，具有平衡性。

图3-17　捷克设计师 MIKE 2017网页设计

③ 把不同尺寸大小的图片按秩序编排，显得理性且有说服力，如图3-18所示。

（2）图片的数量

图片的数量首先要根据内容的要求而定，图片的多少可影响用户的阅读兴趣，适量的图片可以使版面语言丰富，活跃文字单一的版面气氛，同时也出现对比的格局。在图片需要多的情况下，可以通过均衡或者错落有致的排列，形成层次并根据版面内容来精心地安排，有的现代设计采取将图片精简并且缩小的方式留下大量的空白，以取得简洁、明快的视觉效果。

图3-18　BLVB运动
女装首页设计

① 多张图片等量地安排在一个版面上，使用户一目了然地浏览众多的内容。如图3-19所示。

图3-19　IMDB网页设计

② 将同样大小的多张图片，采用叠加的方式进行组合，如图3-20所示，这种前后关系可为设计带来层次感。

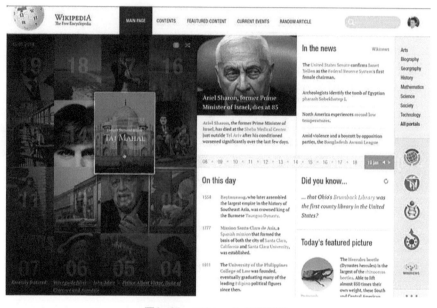

图3-20　Wikipedia网页设计

③ 精美、独特、单一的图片编排形式，能使版面有视线集中感并且给读者带来高雅稳健的视觉感受，如图3-21所示。

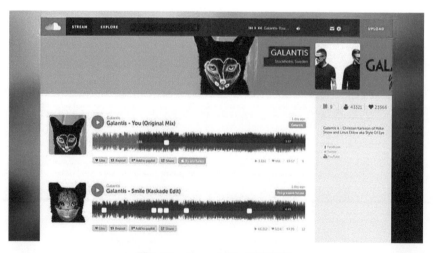

图3-21　Soundcloud网页设计

（3）图片的面积

　　图片面积的大小设置，直接影响着版面的视觉效果和情感的传达，大图片一般用来反映具有个性特征的物品，以及物体局部的细节，使它能吸引读者的注意力，而将从属的图片缩小形成主次分明的格局。大图片感染力强，小图片显得简洁精致，大小与主次得当的穿插组合，能使版面具有层次感，这是版面构成的基本原则。

　　① 小的图片给人以精致的感觉，图片的大小编排变化，丰富了版面的层次，如图3-22所示。

图3-22　BBC网页设计

**图3-23 DayDreaming
童装购物网站设计**

② 将主要诉求对象的图片扩大，如图3-23所示，能在瞬间传达其内涵，渲染一种平和的直接的诉求方式。

③ 扩大图片的面积，如图3-24所示，并将文字缩小，因此产生强烈的对比，能加强对视觉的震撼力。

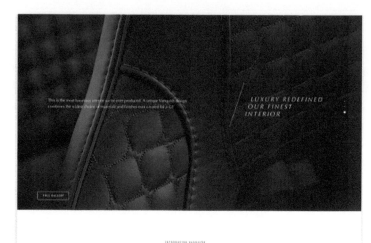

图3-24 阿斯顿马丁网站界面设计

（4）图片的组合

图片的组合有块状组合和散点组合两种基本形式。将多幅图片通过水平、垂直线分割整齐有序地排列成块状，使其具有严肃感、理性感、整体感和秩序感；或者根据内容的需要分类叠置，并具有活泼、轻快同时也不失整体感的块状，我们称它为块状组合。

散点组合则是将图片分散排列在版面的各个部位，使版面充满着自由轻快的感觉。这种排列的方法应注意图片的大小、位置、外形的相互关系，在疏密、均衡、视觉方向程序等方面要做充分的考虑，否则会产生杂乱无序的感觉。

① 将不同大小的图片有机地构成一种块状，如图3-25所示，使之成为一个整体。

图3-25　国外某山地车网
站设计

② 图片自由地安排，具有轻松活泼的特点，在编排中隐含着视觉流程线，使编排构成散而不乱，如图3-26所示。

图3-26　国外某餐厅网站设计

③ 几张相同大小的照片均衡地安排，其中一张突破秩序，产生一种特异的效果，活跃了整个版面，如图3-27所示。

图3-27　Red Collar设计团队网页设计

（5）图片与文字的组合

文字与图形的叠加，文字围绕画面中图形的外轮廓进行编排，以加强视觉的冲击力，烘托画面的气氛，使文字排序生动有趣，给人以亲切、生动、平和的感觉。

① 图3-28所示的界面中，图片在设计中成为主体，而文字则在图片边缘适当的位置加以精心的编排。

图3-28 国外某餐厅网页设计

② 图片和修饰的有趣并置，如图3-29所示，图片上的文字小心翼翼地摆放，为的是避免破坏图片的整体形象。

图3-29 Lordz Dance Academy网页设计

③ 将主题文字的一部分叠加在图片上，但又不影响文字的可读性，其他文字采用左对齐或右对齐的编排方式，使设计既具有秩序又富有变化，如图3-30所示。

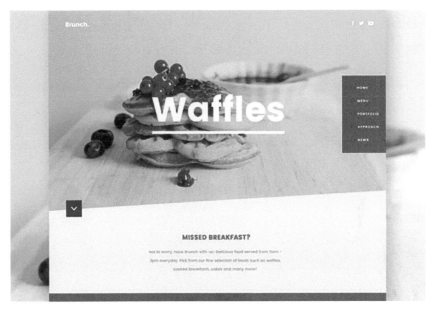

图3-30　国外某餐厅网页设计

3.2 UI 色彩设计

现代科学研究表明，一个正常人从外界接受的信息90%以上是由视觉器官输入大脑的，来自外界的一切视觉形象，如物体的形状、空间位置等，都是通过色彩区别和明暗关系得到反映的，对色彩的感受往往是视觉的第一印象。人们对色彩的审美往往成为设计、美化的前提，正如马克思所说："色彩的感觉是一般美感中最大众化的形式。"近年来，UI设计备受设计行业瞩目，无论是在PC端还是移动端，都大放异彩。同样，色彩在UI设计中也有着较大的意义。

在UI界面设计中，掌握好色彩是设计的关键，也是塑造产品形象的一个重要方面，同时色彩搭配的效果好坏直接决定设计的成败。色彩在UI设计中有着相当特殊的用户体验诉求力，它以最直接、快捷的方式让人形成一种视觉感官反应。用户对于UI设计的印象在很大程度上是通过色彩获取的，所以强调色彩在UI设计中的作用，可以增强设计的表现力。

3.2.1 UI 设计中的色彩基本知识

色彩是平面设计表现的一个重要元素，色彩从视觉上对观者的生理及心理产生影响，使其产生各种情绪变化。平面色彩的应用，要以消费者的心理感受为前提，使观众理解并接受画面的色彩搭配，设计者还必须注意生活中的色彩语言，避免某些色彩表达与沟通的主题产生词不达意的情况。

（1）色彩的形成

色彩感觉信息的传输途径是光源、彩色物体、眼睛和大脑，也就是人们色彩感觉形成的四大要素。这四个要素不仅使人产生色彩感觉，而且也是人能正确判断色彩的条件。在这四个要素中，如果有一个不确定或者在观察中有变化，就不能正确地判断颜色及颜色产生的效果。因此，当我们在认识色彩时并不是在看物体本身的色彩属性，而是将物体反射的光以色彩的形式进行感知。如图3-31所示。

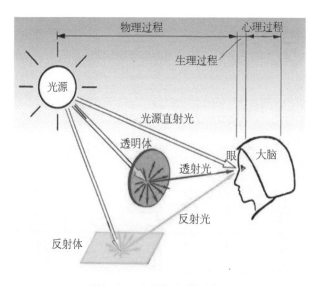

图3-31　人的色彩感知过程

色彩可分为无彩色和有彩色两大类。对消色物体来说，由于对入射光线进行等比例的非选择吸收和反（透）射，因此，消色物体无色相之分，只有反（透）射率大小的区别，即明度的区别。明度最高的是白色，最低的是黑色，黑色和白色属于无彩色。在有彩色中，红橙黄绿蓝紫六种标准色比较，它们的明度是有差异的。黄色明度最高，仅次于白色，紫色的明度最低，和黑色相近。如图3-32所示。

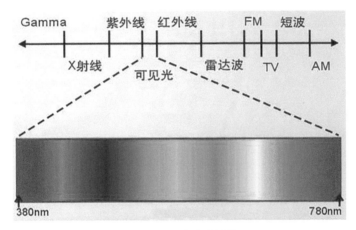

图3-32 可见光光谱线

（2）色彩的三要素

有彩色表现很复杂，人的肉眼可以分辨的颜色多达1000多种，但若要细分差别却十分困难。因此，色彩学家将色彩的名称用它的不同属性来表示，以区别色彩的不同。用"明度""色相""纯度"三属性来描述色彩，更准确更真实地概括了色彩。在进行色彩搭配时，参照三个基本属性的具体取值来对色彩的属性进行调整，是一种稳妥和准确的方式。

① 明度 明度是指色彩的明暗程度，即色彩的亮度、深浅程度。谈到明度，宜从无彩色入手，因为无彩色只有一维，好分辨得多。最亮是白，最暗是黑，以及黑白之间不同程度的灰，都具有明暗强度的表现。若按一定的间隔划分，就构成明暗尺度。有彩色即靠自身所具有的明度值，也靠加减灰、白调来调节明暗。例如，白色颜料属于反射率相当高的物体，在其他颜料中混入白

色，可以提供混合色的反射率，也就是提高了混合色的明度。混入白色越多，明度提高得越多。相反，黑颜料属于反射率极低的物体，在其他颜料中混入黑色越多，明度就越低。如图3-33所示。

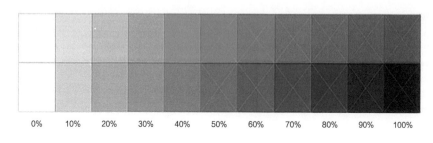

图3-33　色彩的明度

明度在三要素中具有较强的独立性，它可以不带任何色相的特征而通过黑白灰的关系单独呈现出来。色相与纯度则必须依赖一定的明暗才能显现，色彩一旦发生，明暗关系就会同时出现，在我们进行一幅素描的过程中，需要把对象的有彩色关系抽象为明暗色调，这就需要有对明暗的敏锐判断力。

② 色相　有彩色就是包含了彩调，即红、黄、蓝等几个色族，这些色族便叫色相。

色彩像音乐一样，是一种感觉。音乐需要依赖音阶来保持秩序，而形成一个体系。同样地，色彩的三属性就如同音乐中的音阶一般，可以利用它们来维持繁多色彩之间的秩序，形成一个容易理解又方便使用的色彩体系，则所有的色可排成一环形。这种色相的环状排列，叫做"色相环"，在进行配色时可以说是非常方便的图形，可以了解两色彩间有多少间隔。

红、橙、黄、绿、蓝、紫为基本色相。在各色中间加插一两个中间色，其头尾色相，按光谱顺序为红、橙红、橙、橙黄、黄、黄绿、绿、绿蓝、蓝、蓝紫、紫、紫红这十二色相的彩调变化，在光谱色感上是均匀的。如果进一步再找出其中间色，便可以得到二十四个色相。在色相环的圆圈里，各彩调按不同角度排列，则十二色相环每一色相间距为30°。二十四色相环每一色相间距为15°。如图3-34所示。

图3-34　色相环

日本色研配色体系PCCS对色相制作了较规则的统一名称和符号。成为人类色觉基础的主要色相有红、黄、绿、蓝四种色相，这四种色相又称心理四原色，它们是色彩领域的中心。这四种色相的相对方向确立出四种心理补色色彩，在上述的8个色相中，等距离地插入4种色彩，成为12种色彩的划分。在上述 8 个色相中，等距离地插入 4 种色相，成为12种色相。再将这12种色相进一步分割，成为24个色相。在这24个色相中包含了色光三原色，泛黄的红、绿、泛紫的蓝和色料三原色红紫、黄、蓝绿这些色相。色相采用1～24的色相符号加上色相名称来表示。把正色的色相名称用英文开头的大写字母表示，把带修饰语的色相名称用英语开头的小写字母表示。例如"1：pR""2：R""3：rR"。如图3-35所示。

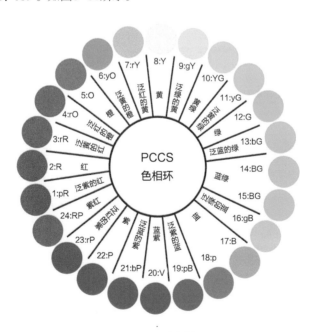

图3-35　PCCS色相环

③ 纯度　色彩的纯度是指色彩的鲜艳程度，我们的视觉能辨认出的有色相感的色，都具有一定程度的鲜艳度。所有色彩都是由红（玫瑰红）、黄色、蓝（青）色三原色组成，原色的纯度最高，所谓色彩纯度应该是指原色在色彩中的百分比。

色彩可以由四种方法降低其纯度：

a. 加白　纯色中混合白色，可以减低纯度、提高明度，同时各种色混合白色以后会产生色相偏差。

b. 加黑　纯色混合黑色即降低了纯度，又降低了明度，各种颜色加黑后，会失去原有的光亮感，而变得沉着、幽暗。

c. 加灰　纯度混入灰色，会使颜色变得浑厚、含蓄。相同明度的灰色与纯色混合，可得到相同明度不同纯度的含灰色，具有柔和、软弱的特点。

d. 加互补色　纯度可以用相应的补色掺淡。纯色混合补色，相当于混合无色系的灰，因为一定比例的互补色混合产生灰，如黄加紫可以得到不同的灰黄。如果互补色相混合再用白色淡化，可以得到各种微妙的灰色。

3.2.2 UI设计中的色彩情感

就情感的传递而言，色彩的表现力远远超过图像、文字等设计构成元素。色彩教育学家约翰内斯·伊顿曾说："色彩向我们展示了世界的精神和活生生的灵魂。"UI设计中醒目而富有现代气息的色彩，更容易被人们识别、记忆，从而更好地增强用户的体验感。

红色是视觉效果最强烈的颜色之一，其饱和度能加强脉搏的跳动，代表着喜庆、兴旺、性感、热烈的感受。在UI设计中，以红色为主色调的并不多。在拥有大量信息的界面中，大面积的红色是不利于阅读的，过纯的红色容易使人疲劳，引起人的反感。所以，一般在UI界面设计中要使用大面积的红色，就需要搭配白色或降低红色饱和度。如图3-36所示。

图3-36   现代Veloster官方网站设计

　　黄色是明度极高的颜色，是所有色相中最富有光辉的明色，但又是色性最不稳定的色彩，代表着信心、希望、快乐的感受。黄色在UI设计中属于应用比较广泛的颜色，但是同红色类似，大面积地使用黄色，会给人过于强烈的色彩感觉，因而黄色在设计中作为配色使用较多。如图3-37所示。

图3-37   葡萄牙特许经营烤面包餐厅网页设计

　　蓝色是最冷的色彩，有着勇气、冷静、理智、永不言弃的含义。在UI设计中，强调科技、高效的商品或企业形象大多选用蓝色。蓝色还代表可信的心理感受，很多UI设计选择了蓝色。如图3-38所示。

图3-38　日本国立海洋生物馆网页设计

　　在进行UI设计时，不能单纯凭借自己的喜好配色。用户打开UI界面，最直观的感觉并不是界面所展示的文字、图片等信息，往往是界面所传达给用户的色彩感受，色彩还会在界面操作体验过程中潜移默化地影响用户的每次点击。

3.2.3 UI 配色方式

　　颜色跟其他事物一样，需要使用得恰到好处。如果在配色方案中坚持使用最多三种基色，将获得更好的效果。将颜色应用于设计项目中，要保持色彩平衡，使用的颜色越多，越难保持平衡。

　　"颜色不会增加设计品质——它只是加强了设计的品质感。"——皮埃尔·波纳德（Pierre Bonnard）。

　　配色方式主要有以下三大方面。如图3-39所示。

（1）色相差形成的配色方式

　　这是由一种色相构成的统一性配色，即由某一种色相支配、统一画面的配色，如果不是同一种色相，色环上相邻的类似色也可以形成相近的配色效果。当然，也有一些色相差距较大的做法，比如撞色的对比，或者有无色彩的对比，这里以带主导色的配色为例阐述。

图3-39　三大配色方式

　　根据主色与辅色之间的色相差不同，可以分为以下各种类型。

　　① 同色系主导　同色系配色是指主色和辅色都在统一色相上，这种配色方法往往会给人页面很一致化的感受。

　　如图3-40所示。整体蓝色设计带来统一印象，颜色的深浅分别承载不同类型的内容信息，比如信息内容模块，白色底代表用户内容，浅蓝色底代表回复内容，更深一点的蓝色底代表可回复操作，颜色主导着信息层次，也保持了Twitter的品牌形象。

　　② 邻近色主导　近邻色配色方法比较常见，搭配比同色系稍微丰富，色相柔和过渡看起来也很和谐。

　　如图3-41所示。纯度高的色彩，基本用于组控件和文本标题颜色，各控件采用邻近色使页面不那么单调，再把色彩饱和度降低用于不同背景色和模块划分。

　　③ 类似色主导　类似色配色也是常用的配色方法，对比不强，给人色感平静、调和的感觉。

　　如图3-42所示。红黄双色主导页面，色彩基本用于不同组控件表现，红色用于导航控件、按钮和图标，同时也作辅助元素的主色。利用偏橙的黄色代替品牌色，用于内容标签和背景搭配。

图3-40　Twitter网页设计

　　④ 中差色主导　中差色对比相对突出，色彩对比明快，容易呈现饱和度高的色彩。

　　如图3-43所示。颜色深浅营造空间感，也辅助了内容模块层次之分，统一的深蓝色系运用，传播品牌形象。中间色绿色按钮起到丰富页面色彩的作用，同时也突出绿色按钮任务层级为最高。深蓝色吊顶导航打通整站路径，并有引导用户向下阅读之意。

　　⑤ 对比色主导　主导的对比配色需要精准地控制色彩搭配和面积，其中主

品牌色　　　主导色　　　辅色

图3-41　ALIDP网页设计

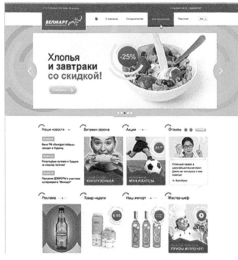
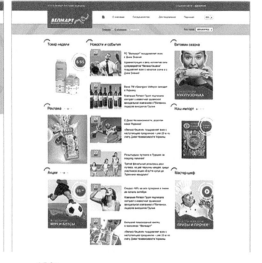

品牌色　　　　主导色　　　　辅色

图3-42　BENMAPT网页设计

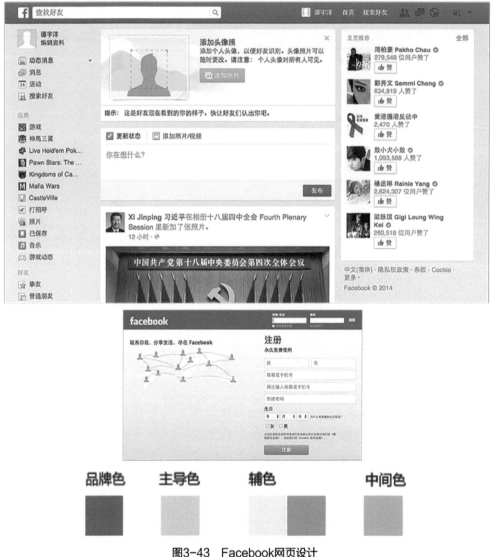

图3-43　Facebook网页设计

导色会带动页面气氛，产生强烈的心理感受。

　　如图3-44所示。红色的"热闹"体现内容的丰富多彩，品牌红色赋予组控件色彩和可操作任务，贯穿整个站点的可操作提示，又能体现品牌形象。红色多代表导航指引和类目分类，蓝色代表登录按钮、默认用户头像和标题，展示用户所产生的内容信息。

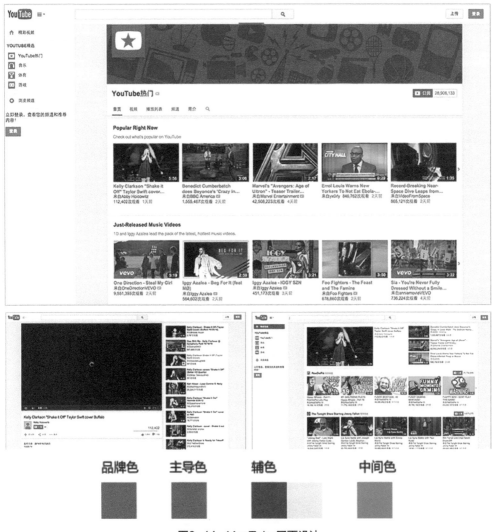

图3-44   YouTube网页设计

⑥ 中性色主导   用一些中性的色彩作为基调搭配，常应用在信息量大的网站，突出内容，不会受不必要的色彩干扰。这种配色比较通用，非常经典。

如图3-45所示。黑色突出网站导航和内容模块的区分，品牌蓝色主要用于可点击的操作控件，包括用户名称、内容标题。相较于大片使用品牌色的手法，更能突出内容和信息，适合以内容为王的通用化、平台类站点。

⑦ 多色搭配   主色和其他搭配色之间的关系会更丰富，可能有类似色、中

图3-45 Bechan网页设计

差色、对比色等搭配方式，但其中某种色彩会占主导。

对于具有丰富产品线的谷歌来说，通过4种品牌色按照一定的纯度比，再用无色彩黑白灰能搭配出千变万化的配色方案，让品牌极具统一感。在大部分页面，蓝色会充当主导色，其他3色作辅色并设定不同的任务属性，黑白灰多作为辅助色，对于平台类站点来说，多色主导有非常好的延展性。如图3-46所示。

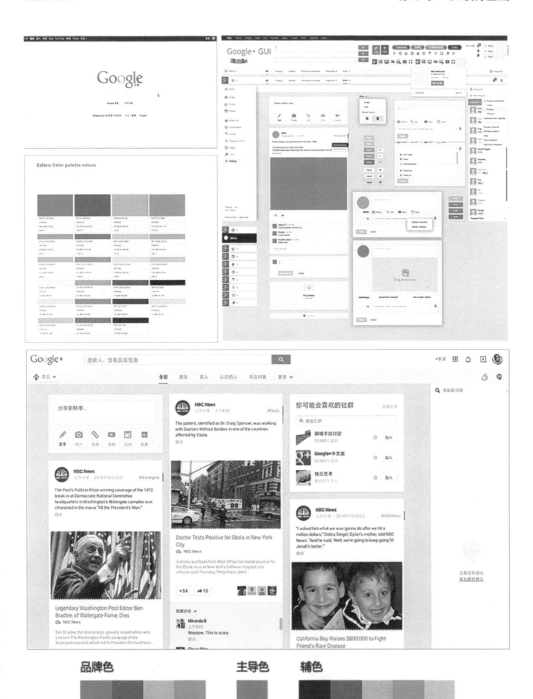

图3-46　Google网页设计

（2）色调调和形成的配色方式

这是由同一色调构成的统一性配色。深色调和暗色调等类似色调搭配也可以形成同样的配色效果。即使出现多种色相，只要保持色调一致，画面也能呈现整体统一性。

根据色彩的情感，不同的色调会给人不同的感受。

① 有主导色调配色

a. 清澈的色调　清澈调子使页面非常和谐，即使是不同色相形同色调的配色也能让页面保持较高的协调度。蓝色令页面产生安静冰冷的气氛，茶色让人们想起大地泥土的厚实，给页面增加了稳定踏实的感觉，同时中和蓝色的冰冷。如图3-47所示。

品牌色

主色调

辅色调

图3-47　SHOTFOLIO网页设计

图3-48　概念应用的案例

　　b. 阴暗的色调　　阴暗的色调渲染场景氛围，通过不同色相的色彩变化丰富信息分类，降低色彩饱和度使各色块协调并融入场景，白色和明亮的青绿色作为信息载体呈现。如图3-48所示。

图3-49 Kids plus网页设计

c. 明亮色调　明亮的颜色活泼清晰，热闹的气氛和醒目的卡通形象叙述着一场庆典，但铺满高纯度的色彩，过于刺激，不适宜长时间浏览。如图3-49所示。

d. 深暗色调　页面以深暗偏灰色调为主，不同的色彩搭配，像在叙述着不同的故事，白色文字的排版，整个页面显得厚重精致，小区域微渐变增加版面质感。如图3-50所示。

e. 雅白色调　柔和的色调使页面显得明快温暖，就算色彩很多也不会造成视觉负重。页面的同色调搭配，颜色作为不同模块的信息分类，不抢主体的重点，还能衬托不同类型载体的内容信息。如图3-51所示。

② 同色调配色　这是由同一或类似色调中的色相变化构成的配色类型，与

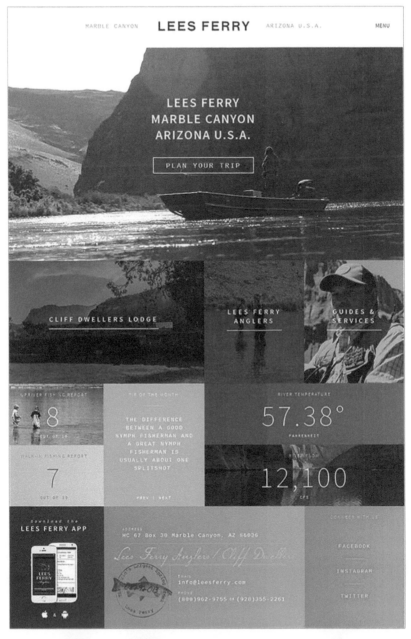

品牌色　　　主色调　　　　　　　　　　　　　　　　辅色调

图3-50　LEES FERRY网页设计

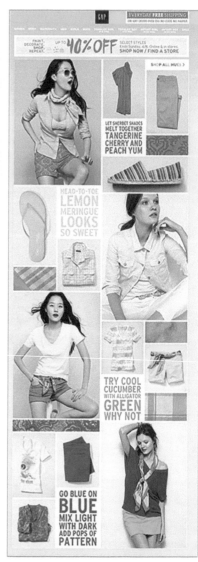

图3-51　very网页设计

主导色调配色中的属于同类技法。区别在于色调分布平均，没有过深或过浅的
模块，色调范围更为严格。

在实际的设计运用中，常会用些更综合的手法，例如整体有主导色调，小范围
布局会采用同色调搭配。拿tumblr的发布模块来说，虽然页面有自己的主色调，但
小模块使用同色调不同色彩的功能按钮，结合色相变化和图形表达不同的功能点，
众多的按钮放在一起，由于同色调原因模块非常稳定统一。如图3-52所示。

③ 同色深浅搭配　这是由同一色相的色调差构成的配色类型，属于单一色

同色调

图3-52　tumblr网页设计

彩配色的一种。与主导色调配色中的同色系配色属于同类技法。从理论上来讲，在同一色相下的色调不存在色相差异，而是通过不同的色调阶层搭配形成，可以理解为色调配色的一种。

以紫色界面为例，利用同一色相通过色调深浅对比，营造页面空间层次。虽然色彩深浅搭配合理，但有些难以区分主次，由于是同一色相搭配，颜色的特性决定着心理感受。如图3-53所示。

（3）对比色形成的配色方式

由于对比色相互对比构成的配色，可以分为互补色或相反色搭配构成的色相对比效果，由白色、黑色等明度差异构成的明度对比效果，以及由纯度差异

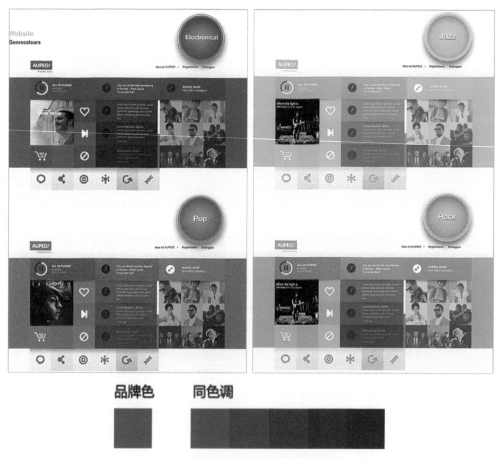

图3-53 Genrecolours网页设计

构成的纯度对比效果。

① 色相对比

a. 双色对比　色彩间对比视觉冲击强烈，容易吸引用户注意，使用时经常大范围搭配。

VISA是一个信用卡品牌，深蓝色传达和平安全的品牌形象，黄色能让用户产生兴奋幸福感。另外蓝色降低明度后再和黄色搭配，对比鲜明之余还能缓和视觉疲劳。如图3-54所示。

b. 三色对比　三色对比色相上更为丰富，通过加强色调重点突出某一种

图3-54　VISA网页设计

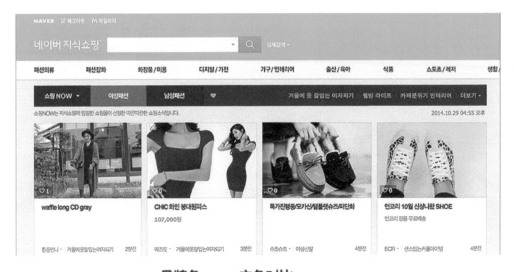

图3-55　NAVER网页设计

颜色，且在色彩面积上更为讲究。

如图3-55所示。大面积绿色作为站点主导航，形象鲜明突出。使用品牌色对应的两种中差色作二级导航，并降低其中一方蓝色系明度，再用同色调的西瓜红作为当前位置状态，二级导航内部对比非常强烈却不影响主导航效果。

c. 多色对比　多色对比给人丰富饱满的感觉，色彩搭配协调会使页面非常精致，模块感强烈。

Metro风格采用大量色彩，分隔不同的信息模块。保持大模块区域面积相等，模块内部可以细分出不同内容层级，单色模块只承载一种信息内容，配上对应功能图标识别性高。如图3-56所示。

② 纯度对比　相对于色相对比，纯度差对比的对比色彩的选择非常多，设计应用范围广泛，可用于一些突出品牌、营销类的场景。

如图3-57所示。页面中心登录模块，通过降低纯度处理制造无色相背景，再利用红色按钮的对比，形成纯度差关系。与色相对比相比较，纯色对比冲突感刺激感相对小一些，非常容易突出主体内容的真实性。

图3-56 Metro网页设计

③ 明度对比　明度对比接近生活实际反映，通过环境远近、光照角度等明暗关系，设计趋于真实。

如图3-58所示。明度对比能构成画面的空间纵深层次，呈现远近的对比关

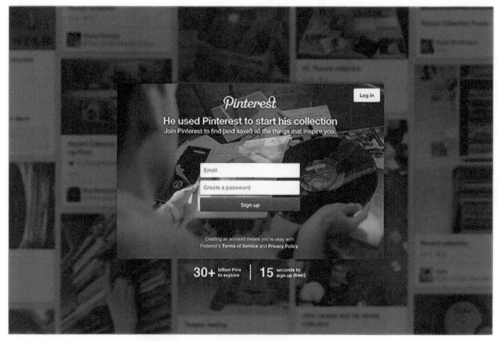

图3-57　PINTEREST网页设计

系，高明度突出近景主体内容，低明度表现远景的距离。而明度差使人注意力集中在高亮区域，呈现出药瓶的真实写照。

（4）渐变色配色方式

随着进入信息大爆炸时代，用户在使用产品时，面对着越来越多的信息，往往容易眼花缭乱。为了突出内容，减少过度美观修饰对信息的干扰，扁平化风格应运而生并开始流行。抛弃多余的元素，以强烈简洁的功能界面区分，扁平化已经成为了UI设计中的主流风格。

然而，扁平化风格还是存在着不足的，比如：简洁有余，张力不足。有些时候，扁平化设计会变得太"平"了以至于影响了可用性。如果用户界面太"平"了，可操作性的元素就会被淹没在一片看起来都一样的扁平化元素之海中。

图3-58　ARKTIS网页设计

　　作为一种设计方法，近扁平设计仅仅当扁平化风格能提升可用性时才采用它。近扁平设计允许利用细微的投影和渐变来营造空间感、距离感、视觉层次感、视觉线索和边缘效果。因此设计师为了弥补扁平化的这种缺陷，重新在色彩上寻求突破口。使用渐变色就是其中最有力的武器。

　　① 单色相渐变　从2017年开始，UI界面上的色彩运用越来越大胆。如新版的淘宝，摒弃了之前单一的橙色，而采用了比较年轻态的渐变色，主色调、导航栏图标采用暖色单色相的渐变色。在APP设计中，此类渐变多用于APP内导航栏图标、入口图标等的设计。如图3-59所示。

　　通过使用单色相渐变，淘宝APP的整个页面感觉更通透了，充满了活力，再没有呆板与窒息感。

　　2017年下半年大火的一款游戏APP——纪念碑谷2也是采用了单色相的渐变作为游戏背景，在让整个画面丰富的同时又不会太抢夺主体的色彩，使画面显得清新透气而不沉闷。如图3-60所示。

图3-59　淘宝APP

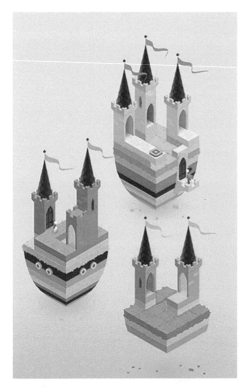

图3-60　纪念碑谷2游戏APP

②多色相渐变　使用色系相近的不同颜色，带来强烈的视觉冲击，有种梦幻的感觉，最早尝试这种风格的是Ins，Ins拟物风时期的LOGO一直广受好评，在进入扁平风时代后，Ins没有简单地将LOGO拍平，而是采用了强烈的多色渐变，让人耳目一新。它极简风格的UI界面，对用户十分友好，用户只需要欣赏美丽的照片，然后双击点赞就行了。

2017年7月苹果推出的ios11，也在扁平化的基础上做了一些改进，除了让标题更粗更黑，也将可点击的组件加上了渐变色，其中不乏强烈的多色相渐变。如图3-61所示。

③不同明度渐变色组合　画面中的色彩具有两种或以上的渐变手法，多色相渐变在视觉上的表现力会更强一些，给用户更强的视觉冲击力，这类配色在Web端、banner设计、插画设计等运用居多。设计师把渐变玩出了更多的花样，其中最出色的便是强势改版的优酷视频APP。如图3-62所示。

但是，这种风格还是比较复杂，不适合做尺寸较小的icon。可以看到，优酷后来将icon改回了单色相渐变。如图3-63所示。

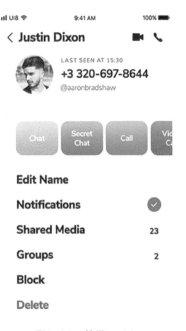

图3-61　苹果ios11

图3-62　优酷

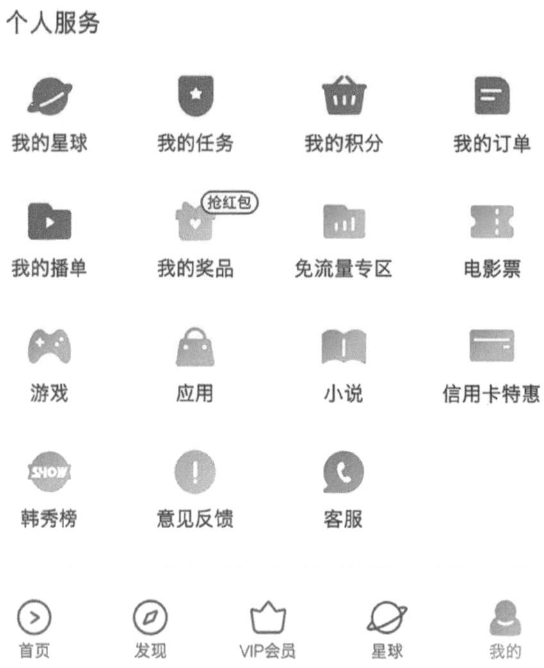
个人服务
我的星球
我的任务
我的积分
我的订单
我的播单
抢红包
我的奖品
免流量专区
电影票
游戏
应用
小说
信用卡特惠
SHOW
韩秀榜
意见反馈
客服
首页
发现
VIP会员
星球
我的

图3-63　优酷图标

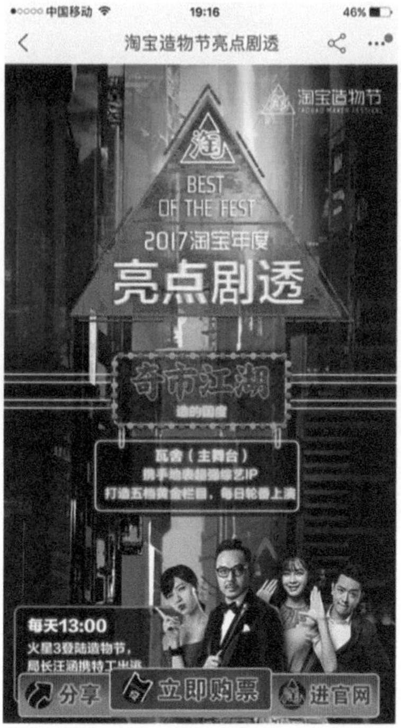
中国移动
19:16
46%
淘宝造物节亮点剧透
淘宝造物节
淘
BEST
OF THE FEST
2017淘宝年度
亮点剧透
奇市江湖
瓦舍（主舞台）
每天13:00
分享
立即购票
进官网

图3-64　淘宝H5活动页面设计

④ 高饱和度高亮度颜色　不仅是GUI设计，对色彩的大胆使用也蔓延到平面设计。此类色彩的运用多用于电商H5活动页面，能够极大地调动活动所要营造的氛围，给用户最强的视觉冲击力，最终达成消费的目的。如图3-64所示。

第 4 章
网页 UI 设计——细节的完美主义

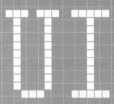

DESIGN

4

网页是构成网站的基本元素，是承载各种网站应用的平台。网站是企业向用户和网民提供信息(包括产品和服务)的一种方式，是企业开展电子商务的基础设施和信息平台，离开网站（或者只是利用第三方网站）去谈电子商务是不可能的。企业的网址被称为"网络商标"，也是企业无形资产的组成部分，而网站是Internet上宣传和反映企业形象和文化的重要窗口。

4.1 网页 UI 基本概念

作为上网的主要依托，由于人们频繁地使用网络，网页变得越来越重要，网页界面设计也得到了发展。网页讲究的是排版布局和视觉效果，其目的是给每一个浏览者提供一种布局合理、视觉效果突出、功能强大、使用更方便的界面，使他们能够愉快、轻松、快捷地了解网页所提供的信息。

网页界面设计以互联网为载体，以互联网技术和数字交互技术为基础，依照客户的需求与消费者的需要，设计有关以商业宣传为目的的网页，同时遵循艺术设计规律，实现商业目的与功能的统一，是一种商业功能和视觉艺术相结合的设计。

4.2 网页 UI 设计原则

网页作为传播信息的一种载体，也要遵循一些设计的基本原则。但是，由于表现形式、运行方式和社会功能的不同，网页UI设计又有其自身的特殊规律。网页UI设计，是技术与艺术的结合、内容与形式的统一。

4.2.1 以用户为中心

"以用户为中心"的原则实际上就是要求设计者要时刻站在浏览者的角度

来考虑，主要体现在以下几个方面：

（1）使用者有限观念

　　无论在什么时候，不管是在着手准备设计网页界面之前、正在设计之中，还是已经设计完毕，都应该有一个最高行动准则，那就是"使用者优先"。使用者想要什么，设计者就要去做什么。如果没有浏览者去光顾，再好看的网页界面也是没有意义的。

（2）考虑用户浏览器

　　还需要考虑用户使用的浏览器，如果想要让所有的用户都可以毫无障碍地浏览页面，那么最好使用所有浏览器都可以阅读的格式，不要使用只有部分浏览器可以支持的HTML格式或程序。如果想展现自己的高超技术，又不想放弃一些潜在的观众，可以考虑在主页中设置几种不同的浏览模式选项（例如纯文字模式、Frame模式和Java模式等），供浏览者自行选择。

（3）考虑用户的网络连接

　　还需要考虑用户的网络连接，浏览者可能使用ADSL、高速专线或小区光纤。所以在进行网页界面设计时就必须考虑这种状况，不要放置一些文件量很大、下载时间很长的内容。网页界面设计制作完成之后，最好能够亲自测试一下。

4.2.2 视觉美观

　　网页界面设计首先需要能够吸引浏览者的注意力，由于网页内容的多样化，传统的普通网页不再是主打的环境，Flash动画、交互设计、三维空间等多媒体形式开始大量在网页界面设计中出现，给浏览者带来不一样的视觉体验，给网页界面的视觉效果增色不少，如图4-1所示。

　　对网页界面进行设计时，首先需要对页面进行整体的规划，根据网页信息内容的关联性，把页面分割成不同的视觉区域；然后根据每一部分的重要程度，采用不同的视觉表现手段，分析清楚网页中哪一部分信息是最重要的，什么信息次之，在设计中才能给每个信息一个相对正确的定位，使整个网页结构

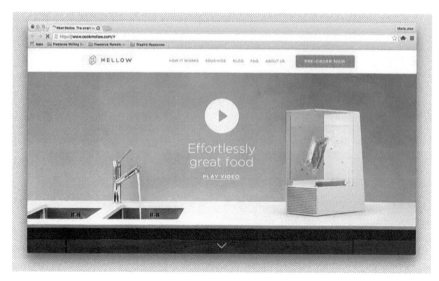

图4-1　视频在网页设计中的应用

条理清晰；最后综合应用各种视觉效果表现方法，为用户提供一个视觉美观、操作方便的网页界面。

4.2.3 主题明确

网页界面设计表达的是一定的意图和要求，有明确的主题，并按照视觉心理规律和形式将主题主动地传达给观赏者，以使主题在适当的环境里被人们及时地理解和接受，从而满足其需求。这就要求网页界面设计不但要单纯、简练、清晰和准确，而且在强调艺术性的同时，更应该注重通过独特的风格和强烈的视觉冲击力来鲜明地突出设计主题，如图4-2所示，Helmut Lang是一位奥地利时装设计师，他在维也纳创办了自己的设计工作室。在构建他的在线购物网站之时，Lang将他简单到无与伦比的设计风格也引入到网页设计中来，他将他认为最重要也是最关键的元素保留下来，而其核心，就是他的收藏。

根据认知心理学的理论，大多数人在短期记忆中只能同时把握4~7条分类信息，而对多于7条的分类信息或者不分类的信息则容易产生记忆上的模糊或

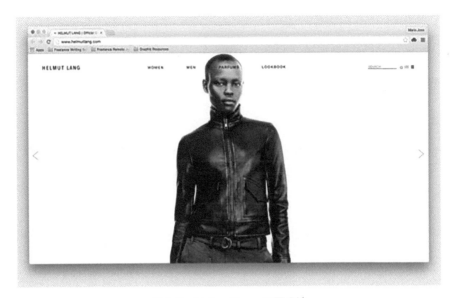

图4-2　Helmut Lang网页设计

图4-3　电商平台MR　PORTER网页设计

遗忘，概括起来就是较小且分类的信息要比较长且不分类的信息更为有效和容易浏览。这个规律蕴含在人们寻找信息和使用信息的实践活动中，它要求设计师的设计活动必须自觉地掌握和遵循，如图4-3所示。

网页界面设计属于艺术设计范畴的一种，其最终目的是达到最佳的主题诉求效果。这种效果的取得，一方面要通过对网站主题思想运用逻辑规律进行条理性处理，使之符合浏览者获取信息的心理需求和逻辑方式，让浏览者快速地理解和吸收；另一方面还要通过对网页构成元素运用艺术的形式美法则进行条理性处理，以更好地营造符合设计目的的视觉环境，突出主题，增强浏览者对网页的注意力，增进对网页内容的理解。只有这两个方面有机地统一，才能实现最佳的主题诉求效果。如图4-4所示，作为耐克的重要产品线之一，Nike Jordan系列以其网站上独特的动态产品图设计而著称。这些动态图片能更好地展示客户的故事，配合阳刚无比、动态十足的风格，令人印象深刻。

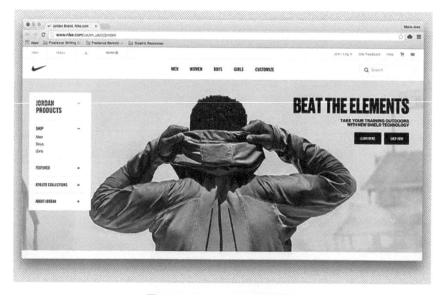

图4-4　Nike Jordan网页设计

优秀的网页界面设计必然服务于网站的主题，也就是说，什么样的网站就应该有什么样的设计。例如，设计类的个人网站与商业网站的性质不同，目的也不同，所以评论的标准也不同。网页界面设计与网站主题的关系应该是这样的：首先设计是为主题服务的；其次设计是艺术和技术相结合的产物，也就是说，既要"美"，又要实现"功能"；最后"美"和"功能"都是为了更好地表达主题。当然，在某些情况下，"功能"就是主题，"美"就是主题。

　　例如，百度作为一个搜索引擎，首先要实现"搜索"的"功能"，它的主题就是它的"功能"，如图4-5所示。

　　而一个个人网站，可以只体现作者的设计思想，或者仅仅以设计出"美"的网页为目的，它的主题只有"美"，如图4-6所示。

图4-5　百度搜索页面

图4-6　游戏网页设计

只注重主题思想的条理性，而忽视网页构成元素空间关系的形式美组合，或者只重视网页形式上的条理，而淡化主题思想的逻辑，都将削弱网页主题的最佳诉求效果，难以吸引浏览者的注意力，也就不可避免地出现平庸的网页界面设计或使网页界面设计以失败告终。

一般来说，我们可以通过对网页的空间层次、主从关系、视觉秩序及彼此间的逻辑性的把握运用，来达到使网页界面从形式上获得良好的诱导力，并鲜明地突出诉求主题的目的。

4.2.4 内容与形式统一

任何设计都有一定的内容和形式。设计的内容是指它的主题、形象、题材等要素的总和，形式就是它的结构、风格、设计语言等表现方式。一个优秀的设计必定是形式对内容的完美表现。

一方面，网页界面设计所追求的形式美必须适合主题的需要，这是网页界面设计的前提。只追求花哨的表现形式，以及过于强调"独特的设计风格"而脱离内容，或者只追求内容而缺乏艺术的表现，网页界面设计都会变得空洞无力。设计师只有将这两者有机地统一起来，深入领会主题的精髓，再融合自己的思想感情，找到一个完美的表现形式，才能体现出网页界面设计独具的分量和特有的价值。另一方面，要确保网页上的每一个元素都有存在的必要，不要为了炫耀而使用冗余的技术，那样得到的效果可能会适得其反。只有通过认真设计和充分的考虑来实现全面的功能并体现美感，才能实现形式与内容的统一，如图4-7所示。

4.2.5 有机的整体

网页界面的整体性包括内容上和形式上的整体性，这里主要讨论设计形式上的整体性。

网站是传播信息的载体，它要表达的是一定的内容、主题和观念，在适当

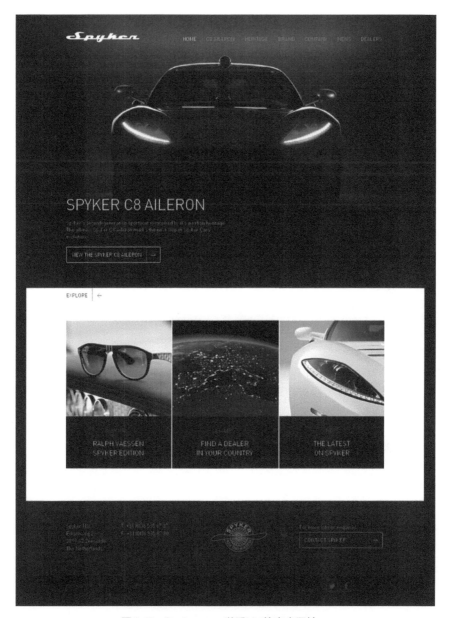

图4-7　Spykercars世爵NV的官方网站

的时间和空间环境里为人们所理解和接受，它以满足人们的实用和需求为目标。设计时强调其整体性，可以使浏览者更快捷、更准确、更全面地认识它、掌握它，并给人一种内部联系紧密、外部和谐完整的美感。整体性也是体现一个网页界面独特风格的重要手段之一。

网页界面的结构形式是由各种视听要素组成的。在设计网页界面时，强调页面各组成部分的共性因素或者使各个部分共同含有某种形式的特征，是形成整体的常用方法。这主要从版式、色彩、风格等方面入手。例如，在版式上，对界面中各视觉要素做全盘考虑，以周密的组织和精确的定位来获得页面的秩序感，即使运用"散"的结构，也要经过深思熟虑之后再决定；一个网站通常只使用两三种标准色，并注意色彩搭配的和谐；对于分屏的长页面，不能设计完第一屏，再去考虑下一屏。同样，整个网站内部的页面，都应该统一规划、统一风格，让浏览者体会到设计者完整的设计思想，如图4-8所示。

4.3 UI 版式设计的形式美

版式设计即排版设计，也称版面编排设计。所谓编排，即在特定的版面空间里，将版面构成要素——文字字体、图片图形、线条线框和颜色色块诸因素，根据特定内容的需要进行组合排列，并运用形式原理，把构思与计划以视觉形式表达出来。

随着互联网和移动互联网的普及应用，网页界面及移动终端界面设计逐步成为设计界主流，不少UI设计师都由平面设计师转型，从前的一些平面设计法则也在逐步广泛应用于UI设计。

我们身处数字式信息传播的时代，版式设计也面临着革新。尽管如此，网页界面和手机界面是一种全新的载体，其基本功能也无外乎传达功能、宣传功能、娱乐功能等数种，与平面设计的宗旨不谋而合。其中，版式设计在传统平面设计中的多条应用规律在UI设计中同样适用。只是由于新媒体的应用，版式设计的交互性体现得更充分些。版式设计是图片和文字的编排，通常是指按照一定的规律，通过对视觉元素和构成元素的组合编排，使信息传达有序而又美观的一种设计方法。版式设计的原则首先是要突出主题，UI界面设计无论是企业官方网站，还是

图4-8　韩国IBK银行网页设计

手机APP软件，都应有一个统一、明确、完整的主题，从而宣传品牌，传播信息，让受众感受文化，融入其中，使交互实现高效性；其次版式设计还应强化整体布局，结构上可以考虑水平结构、垂直结构、曲线结构等编排形式，统一的布局可以起到加强视觉效果的作用，界面呈现可读性和美观性。

形式美的规律是多样统一性。造型中的美是在变化和统一的矛盾中寻求"既不单调又不混乱的某种紧张而调和的世界"，简单地说就是——"变化"中求"统一"。

4.3.1 主次关系

但凡设计都有主题，而且只有一个主题，只有一个主要表现的位置。但并不是说其他部分不重要，而是在创作中处理手法的主次要分明，表现出主要、其次/再次的关系，要有能抓住人们眼球的要素。如图4-9所示，界面中心很引人注目，整个界面的主次关系很明确。

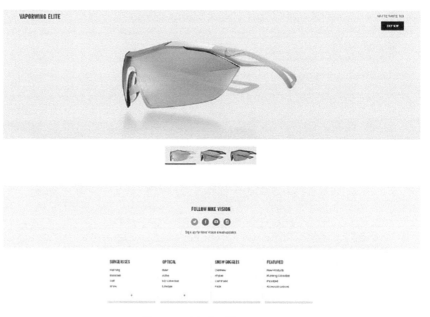

图4-9　耐克太阳镜网页设计

4.3.2 虚实对比

　　这里说的虚实是相对的。在建筑中，虚与实的概念是用物质实体和空间来表达的，如墙、地面是"实"的，门、窗、廊是"虚"的，同样在界面设计中也要虚实得体。

　　现在有很多网页或英语的启动页面的背景设计都会采用半透明或模糊的图片、场景等，将其想要表达的主题放在半透明的背景上会更清晰，更有层次感，如图4-10所示。

图4-10　英国某设计机构网页设计

4.3.3 比例尺度

　　比例是形体之间谋求统一、均衡的数量秩序。比较常用的有黄金分割比1：1.618，此外还有1：1：3的矩形常用于书籍、报纸，1：1.6常用于信封和钱币，1：1.7常用于建筑的门窗与桌面，1：2、1：3也常用。在设计过程中，不一定非得遵守某条定则或比例，也需要根据现代社会大众的审美进行综合考虑。

尺度则是指整体与局部之间的关系，以及和环境特点的适应性。同样体积的物体，水平分割多会显高，其视觉高度要大于实际物体高度；反之，则显低，给人的感觉比实际尺度小。因此尺度处理要恰当，否则会使人感到不舒服，也难以形成视觉美感。

如图4-11所示的界面中整车和附件的比例尺度处理得就很得当，比例适中，没有过大或过小，看上去很舒服。

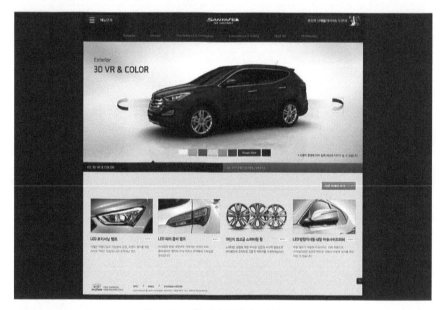

图4-11　韩国现代汽车网页设计

4.3.4 对称与均衡

在美学中，对称与均衡是运用最广泛的，也是最古老普通的规律之一，同样，在界面设计中也不可忽视对称与均衡的美学规律。对称是指中轴线两侧形式完全相同。均衡则是指视觉上的稳定平衡感，过于对称显出了庄严、单调、呆板的性格，均衡则不同，它追求一种变化的秩序，对称与均衡的法则在各种情况下有不同的适用性，关键还是在于设计师的适当选择和应用，将此法则灵活运用。

如图4-12所示的界面设计采用完全对称的手法，稳定平衡感很强，最上方
沙发模型的大小和不同的摆放姿势同时又打破了整个界面的单调和呆板。

图4-12　韩国现代索纳塔汽车网页设计

4.3.5 对比与调和

对比是两者的比较，如美丑、善恶、大小等都显示了对比的法则。在设计
中，对比的目的在于打破单调，造成重点和高潮。对比的类别有明暗对比、色
彩对比、造型对比及质感肌理的对比等。对比法则含有类似矛盾的现象，然而
此种矛盾能够表达美感要素，对比是从矛盾的因素中求得的良好效果。

调和是指两种或两种以上的物质或物体混合在一起，彼此不发生冲突。调
和是通过明确各部分之间的主与次、支配与从属或等级秩序来达到的，在视觉
上有形式调和、色彩调和和肌理调和等，这是人类潜在的美感知觉。调和是庄
严、优雅而统一的，然而有时也会产生沉闷单调以及无生动感的效应。

在主体设计中，为了形成一定的视觉显著点（亮点），多采用少调和（没
有调和）多对比的形式，或巧妙利用某种不调和的方法，来产生美感效果。如
图4-13所示，黑色系的界面中用橙色、蓝色和暗红色进行调和，打破了呆板
感，十分切合运动主题。

图4-13 韩国HEAD气垫运动跑鞋产品网站

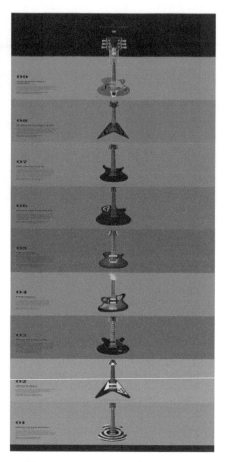

图4-14 FlatGuitars吉他网页设计

4.3.6 节奏和韵律

节奏与韵律是指由于有规律的重复出现或有秩序的变化，激发起人们的美感联想。人们创造了具有条理性、重复性和连续性为特征的美称为韵律美。节奏和韵律在连续的形式中常会体现在由小变大、由长变短的一种秩序性的规律。在设计中常用的处理方法是在一个面积上做渐增或渐减的变化，并使其变化有一定的秩序和比例，所以节奏韵律与比例就产生了一定的关联。其形式有：

（1）重复

以一种或几种要素连续重复地排列而形成各要素间保持恒定的距离和关系，如图4-14所示。

（2）渐变

连续的要素在某方面按某种秩序变化，比如渐长或渐短、间距渐宽或渐窄等，显现出这种变化形式的节奏或韵律为渐变，如图4-15所示。

（3）交替

连续的要素按照一定的规律时而增加时而减小，或按一定的规律交织穿插而形成，节奏和韵律可以加强整体的统一性，又可以获得丰富多彩的变化，如图4-16所示。

4.3.7 量感

量感有两个方面，即物理量和心理量。物理量绝对值是真实大小、多少、轻重等。心理量是心理判断的结果，指形态、内心变化的形体表现给人造成的冲击力，是形态抽象物化的关键。创造良好的量感，可以给主题带来鲜活的生命力。

如图4-17所示为采用物理量的界面。

在图4-18所示界面中，体现的就是心理量，视觉冲击力较强，中心形成一种漩涡的视错觉感。

4.3.8 空间感

空间感包括两个方面，即物理空间和心理空间。物理空间是实体所包围的可测量的空间。心理空间来自于对周围的扩张，是没有明确的边界却可以感受到的空间。创造丰富的空间感可以加强主题的表现力。

如图4-19所示界面中的空间就是可测量的空间，人们可以通过目测得知距离的远近。

如图4-20所示界面中的酒瓶、酒桶元素已经超出了整个界面的边界，给人足够的想象力，丰富了整个界面的空间感。

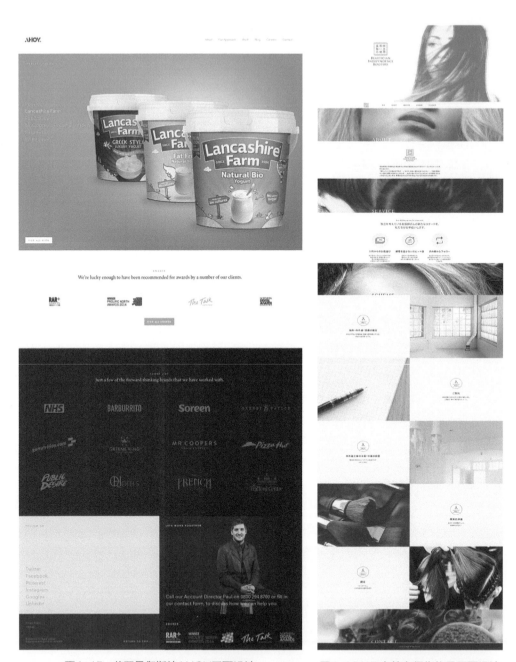

图4-15　英国曼彻斯特AHOY网页设计　　　　图4-16　日本美容师化妆品网页设计

图4-17　日本Border网页

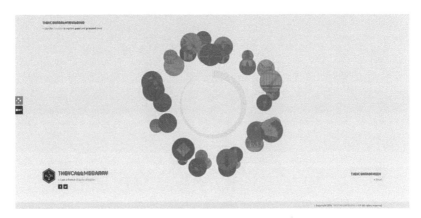

图4-18　法国Barry平面设计师个人网页设计

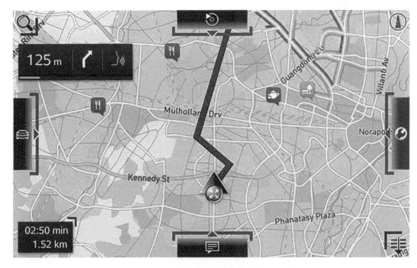

图4-19　观致QorosQloud车载智能系统界面设计

图4-20 法国普罗旺斯Château Minuty酒庄网页设计

4.3.9尺度感

"尺度"不同于"尺寸",尺寸是造型的实际大小,而尺度则是造型局部大小同整体及周围环境特点的适应程度,通过不同的尺度处理,可获得夸张或亲切等不同效果。

如图4-21所示,将产品或产品的局部放大,会获得不一样的视觉冲击力。

图4-21 加拿大IÖGO新的乳制品和美味
酸奶系列产品网页设计

4.4 细节设计之着陆页：直达 OR 迷宫

4.4.1 着陆页的概念

广义来说，着陆页是用户进入网站的起始或入口页面，形象地来说，就是用户在这个页面"着陆"。

现在着陆页已经变成了一个更为具体的概念，这个页面主要目的是营销或推广作用，是一个很有商业气味的页面，很多人将它们作为宣传某个特定产品、服务、卖点或特征的媒介，以便用户能更快地留意到，并且更专注地浏览这些信息。一个优秀的着陆页设计可以给企业、商店或是产品带来丰厚的收入和良好推广作用。

正是因为这样，很多分析者认为着陆页比普通的网站首页更有效率，也更能实现一些针对性的营销目标。和着陆页的效率相比，网站首页则常常囊括了过多的信息，让用户无法专心，也更容易失去浏览的兴趣。

4.4.2 转化率的意义

想要去验证那些以商业和产品、营销和推广为最终目标的设计到底效果如何，转化率是最常用的指标。一般来说，"转化"意味着某个浏览者使用网站提供的服务或转变为产品的用户，而在实际情况中，转化会根据不同的网站或其他产品而有不同的定义。

着陆页起初源自电子商务，也是登录页应用最为广泛的领域。而转化率就是所有的浏览者中，有多少比例的人转变成了注册用户并且最终完成了购买行为。

如今，着陆页被广泛地用在了各个领域的网站里，转化的定义也变得更多。越来越多的线上产品和服务出现，用户能够在网上完成各式各样的任务和操作，"转化"就可以被定义为任何一个浏览者最终完成了网站期望他们去做的任务，比如：开始使用某个产品、订阅网站内容、转移到某个特定页面、下载APP或其他文件、提供用户信息、回答问卷、免费或折扣试用产品、浏览资源库、去阅读产品详情或服务等。

作为一个成功的商人兼广告代理公司总监，Jeff Eisenberg有一个关于转化率至关重要的观点，十分在理：让业务成倍增长的秘诀并不在于成倍提高流量，而在于成倍提升转化率。在Tim Ash、Maura Ginty和Rich Page的《着陆页优化：评估和提升转化率指南》一书里为设计师和营销者提供了在设计可交互的电子产品时需要留心的"残酷现实"：

如果访客没法很容易地找到某个内容，那这个内容等于不存在；

如果想强调所有内容，那么所有内容都变得不重要；

任何内容出现加载的延迟都令人失望而失去耐心。

以上这些话都印证了着陆页在维持用户注意力上的重要性。转化意味着把一个潜在的被动用户转变成了活跃的主动用户，这些用户不仅仅是浏览网页信息，而是真的去使用了网页上提供的功能，可以说转化率的高低至关重要。着陆页在大多数的商业目的里，都专注于获取更多的浏览者，并提供能够激励用户进行下一步操作的信息。

如图4-22所示，是Knost设计的着陆页，它是一个摇滚乐队的网站。网页中不同的模块试图引导用户去做不同的任务，同时避免让用户觉得信息量过大。因此，

图4-22　Knost网页设计

一个浏览者需要花几秒钟时间浏览整页，然后找到他们想要进一步浏览的区域即可。

再如图4-23所示，这是Ernest Asanov的关于博物馆的，它是一个试图推广艺术展览的着陆页。这个页面的目标在于提供给用户美观和谐又能突显重要的信息。页面的样式、颜色和动效都体现了一种极简主义的和谐感。

图4-23　Ernest Asanov博物馆网页设计

4.4.3 着陆页的构成

着陆页常常会用各式各样的创意去展现其内容，以吸引不同的目标群体。可以说着陆页根本不可能有统一的主题或结构。不过，着陆页需要提供的内容还是能够找出一些规律的。页面的大小、包含多少模块、用了哪些视觉元素，这些都不是着陆页最重要的考虑因素，最重要的是如何让着陆页提供"有价值"的信息。

一般来说一个着陆页需要包含以下内容：

① 讲清楚所展示的是什么（产品、服务、活动等），并提供刺激用户操作的元素。

从用户的角度来说，他们要知道网页能给他们提供哪些好处，即使没有非常具体的细节，至少用户能清楚地知道这些好处是什么并且这些好处确实有用。此时页面就可以同步地提供明显并且方便进一步查看或操作的按钮、表格填写、订阅服务等页面元素，吸引用户去点击。

② 口碑及信任感。

人们总是倾向于相信那些被其他用户推荐的东西，也认为那些信息更有关注的价值。因此在着陆页上提供一些用户评价、社交网络的粉丝规模、获奖情况和资质证书等信息，可以让访问者产生更好的印象，从而更有可能进入下一步。

③ 展现产品或服务的最主要的特征或卖点。

这部分信息具有补充说明的作用，来丰富产品的展示和呈现。它能让用户得知更多细节，比如产品或服务所能达到的效用和应用的技术、能从哪些方面改善我的生活等。

要注意的是，这些信息会让着陆页变得更庞大，所以在提供这些细节信息时要通盘考虑整个网站的信息规划，而不是仅仅把信息都一股脑儿地堆到着陆页上去。

如图4-24所示Sergy Valiukh的着陆页设计，它提供了上文提到的所有内容元素。首先页面是一个有机食物商店的推广网页，包含了一些基本信息，例如商店名称、产品、服务的卖点、引导用户操作的各类按钮以及顾客评价的展示。设计

图4-24　Sergy Valiukh网页设计

者让整个页面信息很丰富，同时也不会过于复杂和冗长，有吸引力但也不会过于激进。

在滚动页面浏览时设计者还加入了动画效果，让整个浏览过程的体验更为丰富，各个视觉元素之间组成了页面的整体视觉主题，让重要信息更为突出。

4.4.4 如何提升着陆页的转化率

（1）目标用户分析

每个着陆页的设计都离不开对用户群体的研究和分析。着陆页不是一个单纯的艺术品，而是市场推广和展示策略的融合。设计者必须将市场营销的目标和用户群体的特性牢记在心，把着陆页当做连接目标消费者和产品之间的桥梁。一个网页想要有高转化率，设计必须要事先进行对目标用户喜好、能力、心态的分析。不过要注意的是，没有一个着陆页可以让所有用户都喜欢，即便是最成功的商业运营也不会让每个人都满意。

（2）市场分析和竞争对手分析

在设计着陆页之前还需要分析现有竞争对手的策略。着陆页是市场营销中的重要一环，市场分析也能帮助设计师产出更好的设计成果。更好地了解竞争对手，才能少走弯路并且不让产品被淹没在其他相似的万千产品中。

（3）精简文案

广告界大咖David Ogilvy说过"每一个字都要斤斤计较"，在设计着陆页的时候必须牢记这个简单的道理。必须经过研究和测试才能决定用多少字的文案去展示信息，因为这些字直接决定了用户会不会买你的账。

不过话说回来，并不是每一个着陆页都要保持极少的文字字数。比如当要宣传的是一个著名的公司或产品时，少量的文字就足以说清楚并且吸引用户进行下一步操作，然而，如果要推广的是一个全新的产品或服务，那么则有必要多花些文字去让访问者了解更多。

如图4-25所示为一个公益组织的网页，页面中谨慎地使用了信息文字，辅

图4-25 某公益组织网页设计

以视觉图片，让用户得以了解俱乐部的活动。

（4）品牌元素

很明显，着陆页应该着重展示LOGO、主题色、字体、标语和其他身份特征元素，设计师必须在所呈现的产品、服务、活动和公司及其品牌视觉语言之间建立紧密的关系，这就提高了一般营销策略的效率。

（5）视觉设计

在界面中的视觉设计中，人们通常对视觉元素更敏感，也更容易识别和认知视觉元素，即使它们是高度抽象的图片。在大多数情况下，人们认知和处理如图标和插图等图像化的内容比处理文字更快。大部分用户出于本能，也更容易被视觉元素所吸引。在上文列出的插图中，页面都提供了很有吸引力、具有信息量的图形化设计，它们让着陆页更吸引眼球，在访问者快速浏览时，能让他们产生审美的愉悦，同时减少阅读大段文字的时间。

（6）找到卖点并吸引用户操作

着陆页的设计有两个关键因素。USP（unique selling point）独特的产品卖点，是顾客最关注的产品特性和优势。CTA（call to action）是鼓励用户进行下一步操作的入口，通过它们来实现用户的转化，有效的着陆页能够快速地传达卖点。

（7）减少加载时间

加载时间的长短是影响设计效果重要的元素之一。用户不喜欢浪费时间，同样也不会为了看一个着陆页而等待太久。所以千万别让访问者等待，设计师要在设计着陆页的时候就要考虑设计方案是否会导致加载时间的延长。

（8）视频展示

动态效果是一种很好的产品呈现方式，还能够避免用户花费精力看文字。视频能被运用在任何页面场景里，让网页更为动感和有趣。然而必须记住，视频很容易大大延长页面的加载时间，所以得好好设计视频，让它们值得用户等待更多的加载时间。

（9）响应式设计

《Think with Google》一文首次提到"响应式设计"这个有趣的概念，也从统计学的角度验证了响应式设计在网页设计中的重要性：

① 61%的用户表示，如果他们在手机浏览网页时无法快速找到目标信息，他们就会立刻放弃，去访问其他站点。

② 79%的用户遇到不喜欢的页面，会返回重新搜索其他站点。

③ 50%的用户如果一个服务在手机网页上很难浏览或操作，即便这个服务在功能上再成功，他们也不愿意经常使用。

有可能上面这些统计数字在今天会变得更高，因为越来越多的用户每天都使用移动设备，所以千万别忽略了着陆页在手机等移动设备上的显示效果。

（10）减少让用户分心的元素

前文已经提过，着陆页应该让用户能够保持专注力，所以得去除页面上那些会让用户分心的信息，并加强会影响转化效率的关键信息的展示。越少的额外链接越好，应该以最容易被注意到的方式展现引导用户进行下一步操作的元素，以便用户能够找到并完成他们的操作任务。

图4-26为Ludmila Shevchenko设计的着陆页，目标是展现SwifyBeaver开发的MAC应用程序，在页面上设计元素十分简洁，用户的注意力都会集中在标题文字上，而标题下方即为申请免费试用的按钮，整个页面没有任何多余或无用的链接，仅仅提供了必要的点击入口，让用户不会分心从而更有可能被转化。

图4-26　Ludmila Shevchenko网页设计

4.4.5 案例

案例1　Dropbox

Dropbox是一个著名的品牌，该公司目前主要致力于推广他们新的文档创建工具Paper。Paper的主页被分割成三个色块，分别代表的产品的三个不同部分：业务解决方案、文档工具和经典应用。简约、清晰的设计与Dropbox的其他品牌相一致，但功能强大到独树一帜。如图4-27所示。

Dropbox着陆页的设计特点是：

① 干净、简单的设计，变幻多端的布局；

② 吸引人的搞笑手绘，有效推销产品的语言；

③ 一个强有力的标语，充分描述了产品功能："随时随地，与人分享"。

案例2　MEET THE GREEK

MEET THE GREEK着陆页的设计特点如下：

① 餐厅在主页设置了这样的一个主人公角色，成功取悦了用户，与用户建立起紧密的情感联系，让他们有进一步探索的欲望；

图4-27   Dropbox网页设计

② 柔和的颜色和简单的字体让访客产生一种好像在与主人公交谈的感觉；

③ 友好的设计和简单的导航与背景视频融为一体；

④ 点击菜单栏时，屏幕会分割成两部分。这样访客在浏览相关信息的时候，视频也在屏幕另一边同步播放，这样可以达到吸引访客的注意力、创造有趣的体验的目的；

⑤ 主页设计让人充满积极的能量，并自然而然地产生一种"内部"视角。

如图4-28所示。

案例 3   STUDIOLOVELOCK

STUDIOLOVELOCK的着陆页特点如下：

① 这是一个极具时尚感的不对称平面颜色设计案例；

② 大号、加粗的字体和易于阅读的排版使导航菜单更清晰、有效，同时也有助于填补空间；

③ 简单却用心的动画；

④ 导航标签别致的放置方式；

⑤ 对公司使命和优势的清晰描述。

如图4-29所示。

图4-28　MEET THE GREEK网页设计

图4-29　STUDIOLOVELOCK网页设计

案例4　IGEGROUP

IGEGROUP的着陆页特点如下：

① 该网站有着明亮的颜色和简单的形式；

② 简约的布局和难以置信的排版将用户目光轻松锁定在关键位置；

③ 主屏的背景动画带动了情绪，在展现公司成就的同时，让访客注意到该

公司的业务能力；

　　④ 放置在页面的一角的小巧奖杯图标展示了其获得的荣誉，在增加价值和信任感的同时，激发访客的好奇心；

　　⑤ 动画流畅，响应及时；

　　⑥ 时尚的视差滚动效果与充满现代感的分屏画面完美契合；

　　⑦ 加载动画保持该公司的风格。

　　如图4-30所示。

图4-30　IGEGROUP网页设计

4.5 细节设计之"关于我们"：走心，才能打动用户

　　毫无疑问，任何人都是没有第二次机会来给人以"第一印象"。每个网站从首页到子页面都是介绍产品、提供服务、探讨功能，唯有"关于我们"这个页面是关乎产品和服务的创建者——我们自己，也是为什么它如此的重要。

　　一个成功的"关于我们"不仅仅是将品牌、公司和团队信息填满一个页面那么简单，而是需要将团队和品牌视作一个整体，呈现出独有的风格、不同的

图4-31　Joy Intermedia网页设计

个性，让用户记住。

案例1　Joy Intermedia

锋利的几何形状、冷峻的色彩、大量的留白是现代设计中常见的设计思路，它能让页面看起来更加时尚专业。将每个元素都用锋利的形态呈现出来，在独特的栅格系统中平衡整个布局，适当地使用鲜艳的色彩来提亮页面，这就是Joy Intermedia页面设计时所用的手法。稳固的结合结构不仅能让页面看起来更舒服，而且能够合理地引导用户浏览内容。如图4-31所示。

案例2　Madebyband

Madebyband的"关于我们"页面的设计比较不同，结合品牌的特征，当然也是为了表现个性，他们的页面运用了许多手绘的字体和排版，配合手工制作品的图片，传达品牌的个性。整个页面设计简洁，大量的留白也平衡了页面的结构。如图4-32所示。

所以，无论是自定义的字体还是自定义的图片，都是呈现品牌性格表现团队差异化的可靠手段。

案例3　6tematik

6tematik的"关于我们"页面设计非常有意思。黑白配色永远不会过时，但是在某些情况下黑白并不足以满足全部的需求，这个页面就使用了高饱和度的红色和蓝色来作为提亮色，大胆而有效。要注意的地方在于，高亮的信息越多，高亮的效果就越差，因为高亮的地方越多，用户越难于发现真正重要的地方。所以，要做的是标记出真正重要的事情。如图4-33所示。

图4-32　Madebyband网页设计

图4-33　6tematik网页设计

图4-34 Studio Alto网页设计

案例4 Studio Alto

对于喜欢用巨大的文字来强调设计的人来说，一定会喜欢Neotokio的这个"关于我们"的页面设计。巨大的文字标题是如此的令人瞩目，近乎夸张的文字尺寸让双眼不会错过重要的事情。加上视觉化的信息图和明亮的蓝色，页面的丰满度和信息量得到了提升，品牌的独特性格也借由色彩在此表现了出来。如图4-34所示。

4.6 细节设计之弹窗："不速之客"带来的惊喜

弹窗是一个为激起用户的回应而被设计、需要用户去与之交互的浮层。它可以告知用户关键的信息，要求用户去做决定，抑或是涉及多个操作。弹窗越来越广泛地被应用于软件、网页以及移动设备中，它可以在不把用户从当前页面带走的情况下，指引用户去完成一个特定的操作。

当弹窗的设计及使用得恰到好处时，它们就会是非常有效的用户界面元素，能帮助用户快速且便捷地达成目标。

弹窗的设计要遵循以下原则。

4.6.1 减少干扰

由于弹窗会中断操作，要尽可能地少使用弹窗。在用户没有做任何操作时突然打开弹窗，是非常糟糕的设计。许多网站用订阅框来轰炸它们的用户，就如图4-35所示，诸如此类的弹窗给没有键盘的用户造成了数不清的麻烦。

图4-35　弹窗给没有键盘的用户造成了麻烦

在需要用户去互动才可继续时，或当犯一个错误的成本会很高时，使用弹窗是最合适且最合理的。如图4-36所示，告知了用户一个情况，需要用户确认。

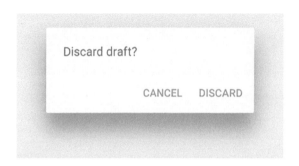

图4-36　弹窗告知了用户一个需要确认的情况

因此，弹窗的出现应该永远基于用户的某个操作。这个操作也许是点击了一个按钮，也许是进入了一个链接，也可能是选择了某个选项。要记住：

① 不是每个选择、设置或细节都有必要中断用户当前的操作；

② 弹窗的备选方案有菜单以及同框内的扩展，这两种控件都可以保持当前页面的延续；

③ 不要突然跳出弹窗，应该让用户对弹窗的每次出现都有心理预期。

4.6.2 与现实世界相关联

（1）表述清晰的问题和选项

弹窗应该使用用户的语言（用户熟悉的文字，短语和概念），表述清晰的问题或陈述，例如"清除您的存档？"或"删除您的账户？"。总之，应该避免使用含有歉意的、模棱两可的或者是反问式的语气，如"警告！""你确定吗？"。

如图4-37所示，左边的弹窗提出了一个很模棱两可的问题，并且这个操作可能影响的范围并不明确；右边的弹窗提出的问题相当明确，它解释了此次操作对用户的影响，并且提供了指向清晰的选项。

另外，尽可能不要给用户提供可能产生混淆的选项，而应该使用那些文意清晰的选项。大部分情况下，用户应该能够只通过弹窗的标题和按钮，就了解他们有哪些选项。

如图4-38所示，左边这个按钮的文字"不"的确回答了弹窗内的问题，但是并没有直接告诉用户点击后会发生什么。右边肯定的操作文字"放弃"很明确地指示了选择这个选项的后果。

（2）提供重要的信息

还有一点要注意，一个弹窗不应该把对用户有用的信息说得含糊不清。如果一个弹窗要让用户确认删除某些条目，就应该把这些条目都列出来。如图4-39所示，这个弹窗很简要地指明了这个操作的结果。

图4-37 表述清晰的问题和选项

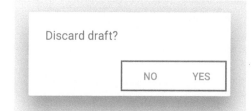
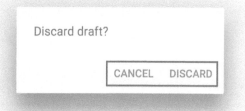

图4-38 尽可能不要给用户提供可能产生混淆的选项

图4-39 提供重要的信息

（3）提出有（关键）信息的反馈

当一个流程结束时，记得显示一条提示信息（或视觉反馈），让用户知道自己已经完成了所有必要的步骤。如图4-40所示，是一个在完成一个操作后成功的弹窗提示。

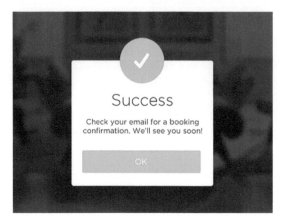

图4-40　提出关键信息的反馈

4.6.3 追求极简

不要把太多东西挤在一个弹窗内，要保持干净和简约。然而极简主义并不意味着被局限住，设计师提供的所有信息都该是有价值并且与之相关的。

（1）元素与选项的数量

弹窗绝不应该只是部分显示在屏幕上。因此不要使用有滚动控件的弹窗。如图4-41所示，巴克莱银行的付款处理弹窗包括了许多的选项和元素，部分的选项只有滚动后才能看到（特别是对于屏幕通常较小的移动设备）。

如图4-42所示，Stripe则使用了一个简单并且聪明的弹窗，只显示了最基本的信息，这样不管在桌面端上还是移动屏幕上看起来都会很不错。

（2）操作的数量

弹窗不该提供超过两种选项。第三个选项，如图4-43所示的"了解更多"，有可能会将用户带离此弹窗，如此用户将没有办法完成当前的任务。

图4-41　巴克莱银行的付款处理弹窗

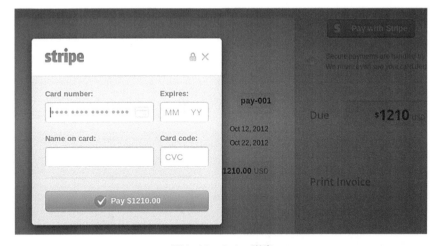

图4-42　Stripe弹窗

（3）不将多个步骤放置在一个弹窗内

　　把一个复杂的任务分解成多个步骤是一个极好的想法。然而这也会给用户传达一个信号，这个任务太复杂了，以至于根本没法在一个弹窗界面中完成，

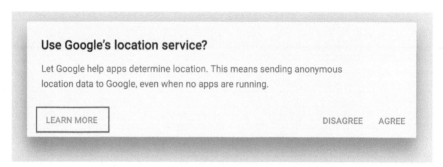

图4-43　弹窗不该提供超过两种选项

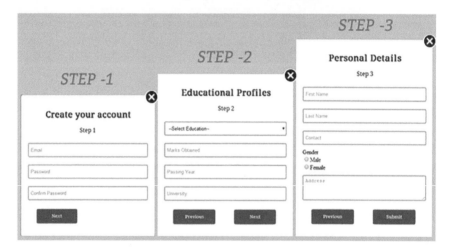

图4-44　不应将多个步骤放置在一个弹窗内

如图4-44所示。

如果一个交互行为复杂到需要多个步骤才能完成，如图4-45所示，那么它就有必要单独使用一个页面（而不是作为弹窗存在）。

4.6.4 选择适当的弹窗种类

弹窗大致分两个大类。

第一大类为吸引用户关注的模态弹窗，强制用户与之交互后才能继续。移动系统的弹窗通常是模态的，并且含有如下的基本元素：内容、操作和标题。

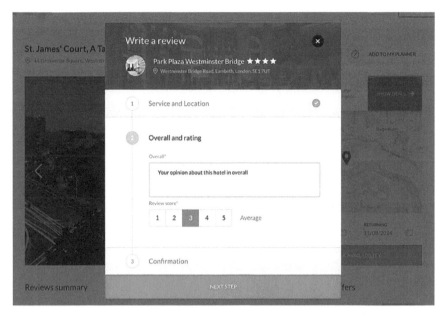

图4-45 需要多个步骤才能完成的交互行为有必要单独使用一个页面

模态弹窗通常只在特别重要的交互操作时才使用（比如：删除帐户，同意协议）：

① 当不需要上下文就可以决定怎么做的时候。

② 需要明确的"接受"或"取消"动作才能关闭。在点击这种弹窗的外部时，它并不会关闭。

③ 当我们不允许此用户的进程处于部分完成状态（即用户必须完成此进程才可做其他任何的操作）。

如图4-46所示。

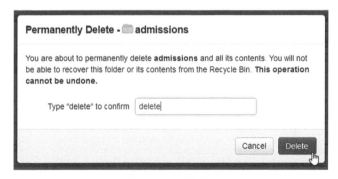

图4-46 模态弹窗

第二大类则是非模态弹窗，它允许用户通过点击或轻触周围就可关闭。

4.6.5 视觉一致性

（1）弹窗下的背景

当打开一个弹窗时，后面的页面一定要稍微地变暗。它有两个功能，第一它把用户的注意力转移到了浮层上，第二它让用户知道后面的这个页面是不再

图4-47　弹窗下的背景

可用的，如图4-47所示为安卓的模态弹窗。

另外，在调节背景深度时要注意：如果把它变得太暗，用户就没法看清背景的内容；如果调得太浅，用户可能会认为这个页面仍然可操作，并且甚至不会注意到弹窗的存在。

（2）清晰的关闭选项

在弹窗的右上角应该有一个关闭的选项。许多弹窗会在右上角有一个"×"的按钮，方便用户关闭窗口。然而，这个"×"按钮对于一般的用户而言并不是一个显而易见的退出通道。这是由于"×"按钮通常较小，它需要用户准确地定位到该处，才能够成功地退出，而这一过程通常很费事。

因而让用户通过点击非模态弹窗的背景区域去退出，就是一个更好的方法。如图4-48所示，Twitter同时使用了点击"×"按钮和点击背景区域的退出方式。

（3）避免在弹窗内启动弹窗

应该避免在弹窗内再启动附加的小弹窗，这是因为此举会加深用户所感知到的网站或APP的层级深度，从而增大了视觉的复杂性。如图4-49所示弹窗中的弹窗。

图4-48　Twitter同时使用了点击"×"按钮和点击背景区域的退出方式

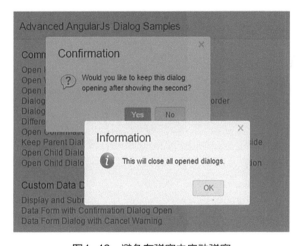

图4-49　避免在弹窗内启动弹窗

4.7 细节设计之 404 页面

英语里有一个比喻，如果生活给你一个酸柠檬，就把做成柠檬水。在网络世界里有什么可以被称为"柠檬"呢？一定是404页面。无论是关闭的服务器、断开的链接、不存在的页面还是错误的网址，404页面都是恼人的。

但是，聪明的网站经营中会将这样的"酸柠檬"变成"甜美的柠檬水"。他们重新考虑404页面的功能，把它变成营销利器。有了正确的元素，甚至可以使404页面成为获取用户的新手段。

什么是404错误页面？当网站访客进入到不存在的页面时，就会显示404错误页面。其原因有可能是页面被移除、服务器或网络连接失败、用户点击了坏链接或输入了错误的URL。通常来说，404错误页面会显示下列信息之一：

404 Not Found；

HTTP 404 Not Found；

404 Error；

The page cannot be found；

The requested URL was not found on this server。

一个优秀的404错误页面应当在用户不慎进入时告诉他们应当如何进行接下来的操作。其中应当提供有用的信息来帮助访客不离开网站并进而找到自己所需要的信息。

案例1　Niki Brown

如图4-50所示，这个404页面除了提供了一些重要的链接之外，还提供了几个秘密链接，当用户点开之后，会发现一些颇为不错的音乐。这种方式会增加网站的黏度。

图4-50　Niki Brown 404页面设计

案例 2 cubeecraft

如图4-51所示，作为一个纸模类的网站，它的404页面突出了网站的特征：它不仅选取了一个与错误有关的人物角色，还提供了图片下载链接——纸模用户可以将其打印出来，做成这个角色的纸模，独具匠心。

图4-51 cubeecraft 404页面设计

案例 3 Project-euh

如图4-52所示，这是一个非常独特的404页面，当进入这个404页面的时候，系统会有机器音提醒用户进入了一个404页面，而页面内提供的图片其实是一个动画的链接，它会引领用户进入一个个好玩的随机页面。

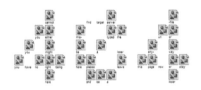

图4-52 Project-euh 404页面设计

案例 4 Heinz

Heinz的页面设计也非常整洁，最重要的是它非常巧妙地将自家的产品融入到页面设计中。如图4-53所示。

图4-53　Heinz 404页面设计

4.8 网页 UI 极简设计——无胜有

作为设计师，我们都知道极简的设计效果的确非常出彩。然而，在设计过程中，我们往往会由于使用较少元素而感觉缺了什么，或是让最终成品看起来仿佛没有完成。

极简设计，严格上讲不能算作一种视觉风格，而是一种设计哲学。它在保持了基本的骨架内容的基础上，剔除掉多余的元素、装饰、色彩和纹理，是通过不断思考而进行化繁为简的设计过程。这样做的结果是突显了主题内容。所以，它是扎根于设计思想根部的概念。

极简主义起源于苏格兰，当时在各个文化领域都掀起了极简的风潮：平面设计、建筑、音乐、文学、绘画等。直到现在，也开始在网页设计中盛行。

尽管极简设计风格在2006～2016年十年间并未得到足够的关注，早先的互联网领域中根本看不到它的影子，样式复杂的LOGO和广告，艳丽的色彩……网页设计一直以来都以臃肿繁杂的形象出现。

极简设计是将设计回归本质的一种设计理念。简约并不是对内容的简单删减，而是提炼设计精华，满足美观实用的本质诉求。在网页中，简约的设计，往往具有清晰的页面结构、简单的交互操作等特征，在满足传递信息的同时，从视觉体验的角度，为用户带来轻松、愉悦的美感。

极简风格是直截了当地展示主题，减少对观者的视觉干扰。如果一个页面有太多的元素，用户就会在众多的元素中无法决定其主次并陷入混乱。一个优秀的极简设计势必会用不偏不倚的姿态聚集主体内容。

举例来说，一个以黑白灰为主色的网页中，如果出现任何色彩，都会成为视觉焦点。就如图4-54所示，白色作为底色背景，再加上一点浅色背景，搭配黑色文字，同时有相应配图，配图的色彩表现集中在模特的服饰上，这很好地凸显了服装品牌这一焦点，从而轻而易举锁定了用户的注意力。

图4-54   服装售卖网店页面设计

在对网页进行极简设计时，首先对于网页所展示的内容，设计师要有一个清晰的认知。先将网页上所需要出现的元素列出清单，再从中进行逐次审视是否有出现的必要，是否需要去除。

如下所述是一份可能需要思考是否应该不予出场的元素清单：

① 社交媒体的图标；

② 标语和详细介绍；

③ 目前流行的一些比较引人注目的元素（比如分享和点赞等）；

④ 一个页面多出三个部分以外的部分；

⑤ 导航中的次级元素。

当然，这并不是一个框架，设计师需要考虑如果有必要时也不能统统删除而后快。主页出现的部分元素都可以放到二级页面里。毕竟如果主页信息量太大，用户也许会"消化不良"。

这样精简以后的结果是，也许网站的功能性相比弱化了一些，但删减了多余的元素，使之成为一个更为简化的布局，这让用户可以在网站停留时间更长一点。

4.8.1 极简设计的要点

怎样简化设计？

设计师需要不断简化任何出现的元素，让纹理消失直至不见、更少颜色、更简单的造型……总而言之，这一系列的处理过程的确让设计变得有些平淡了。但这时要记住，不要偏离了极简的方向，可以把设计集中到焦点内容上，让焦点内容成为唯一重要的视觉核心。使用一些创造性的技巧来处理细节。

（1）使用优雅的线框

大家都知道，使用线框能让设计看上去更"稳固"，因为设计师的眼力其实超乎想象地好用，它甚至会记得每一段间隔每一个交点，所以任何破坏视觉平衡的元素都会格外突兀，这时直觉只会告诉设计师"感觉不对"。但这其实就是没有运用好线框的结果。

一个合适的线框图是极简设计制胜前提。设计师可以运用它获得合适的比例，创造出有趣的视觉平衡。

设计师可以在设计开始就用2B铅笔在草稿上画出页面布局和元素样式（图4-55）。在画线框时，需要遵循下面的顺序：①决定你的网页中需要出现的元素；②对元素之间，按优先次序进行排序；③画出线框草图并试着去达到最佳的布局视觉效果。

图4-55　页面布局和元素样式

（2）留白

留白是一种设计素材。虽然留白并不等同于极简，但它与极简设计有着千丝万缕的联系。

不管设计师多么有创意，一个极简设计如果没有足够留白，那么也将是失败的。所以，在设计时，要考虑每个元素的周围都有足够多的留白空间。如图4-56所示的这个网页主页中，LOGO部分周围的大量留白，让LOGO本身得到直观的展示。

需要注意的是，极简设计由于内容展示较少，在目前商业应用中还不太广泛，大多用在小型创意领域机构的官网较多。当涉及营销时，由于营销的目的就是最短时间推送最丰富全面的信息给用户，因此一般的商城都不会让自己看上去太轻松。虽然这样说，但我们在设计商城的时候也注意到，目前已经有设

· menu   reservations ·

图4-56　LOGO的留白设计

图4-57　极简的高端服装网店页面设计

计师开始利用这种简化的风格设计商城，做出不一样的细目更深化的小型商城。这类商城的产品针对的是较高端的用户，比如时装行业里的网站，可以不妨一试这样的设计风格。如图4-57所示，所有的信息都被浓缩了，产品展示让人一目了然。不论是审美方面还是营销影响方面都让产品和用户的距离更近了一步。

4.8.2 极简设计技巧

（1）黑白灰：色彩禁欲主义

黑白灰的大气让人难忘，虽然是信手拈来的设计道理，但放到实践中，设计师往往需要更多的勇气做这样的设计。因为做这类设计的风险太大，不小心就会让设计变得死气沉沉一片荒芜，带给观者负面的感受。如图4-58所示，以黑色为背景就需要严格与网站的内容契合，表现出黑色的"酷"。同时，元素的编排也必须不拘一格，比如将人物置最前，文字放于背景之上，黑白的搭配顿显时尚感。

图4-58　黑白灰色彩搭配

（2）字母：形的构思

字母本身的造型就是一副完美的构图，加上文字本身具有一定的含义，融合一身，就会让画面变成双向发声。所以，重新缩小或放大文字，让文字成为画面的焦点用以传达品牌形象，这种方式在极简的网站中很容易做到。如图4-59所示，将文字的背景作为创意扩展的部分，让鼠标移动时出现不同的渐变色背景，这些渐变色色彩都倾向鲜艳，而这里极好地点缀了文字本身的美感。

而中文相比英文更为复杂，想要把文字也变为对形态的焦距，就需要将中

图4-59　将文字的背景作为创意扩展的部分

图4-60　中文采用在形态上较为突出的字体

文改为在形态上较为突出的字体，例如书法字体等。如图4-60所示。

（3）线形插画：形魅力

如图4-61所示，灰色的背景上只用白色作为前景色，首页的焦点是中心位置的线形插画，这是品牌展示的一种最为直观的方式。而运用一定的投影效果，让插画仿佛悬浮在半空中则是增加了一些创造性的细节，这就让画面活跃

图4-61　首页的焦点是中心位置的线形插画

图4-62　摄影作品作为背景的网页极简设计

起来，不会陷入一片荒芜之中。

（4）摄影：用图讲故事

　　用一张高清的摄影作品作为背景，也是网页中极简设计的常用方法。如图
4-62所示，这幅摄影作品本身就是极简风格的，让品牌故事隐藏于照片中。照
片的写实程度无能出其左右，而本身的风格就必须要明显地突出主题。这时文
字的出现是为解释说明的作用，设计师可以在设计中加以删减或增加。

4.9 电商网站 UI 设计案例

　　世界范围内线上购物规模一再增长，中国的增速尤其明显。虽然淘宝、京东和亚马逊这样的主流电商平台依然占据着主流地位，但小型的电商购物平台的生存空间也不小，新兴的电商平台的增长一样不容忽视。如何设计出令人兴奋的视觉感，怎样带来流畅的购物体验，是所有电商都需要考虑并进一步完善的事情。

　　空泛的描述总会让人不知所措，走心的视觉设计、价格策略和文案内容，则是应对不断增长的用户需求的必备品，它们构成了用户感知产品、选择平台的价值核心。

案例1　Bose：大胆用色 + 产品大图

　　Bose的官网采用了大胆的水平式布局，高清细腻的产品图和绚丽的背景用色，让产品和网站都显得个性十足，视觉优先式的布局让产品看起来诱人无比。如图4-63所示。

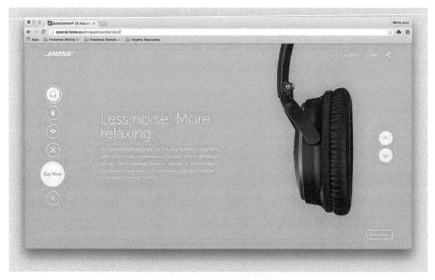

图4-63　Bose 官网页面设计

案例2　Hunters Wine Shop：一页完成所有操作

　　Hunters Wine Shop的网页设计走的就是一页完成所有操作的路线，用户可以在浏览之后直接在页面内完成购买环节。易于浏览和简约设计是它的突出之处。如图4-64所示。

图4-64　Hunters Wine Shop网页设计

案例3　ETQ Amsterdam：少即是多

　　ETQ Amsterdam是著名的鞋类品牌，优雅、永恒和品质是这个品牌的三大核心价值，而其网站也同样采用了这样的设计理念。整个网站的设计充满了现代式的简约美，简洁的排版，清爽的配色方案，大量的图像和微妙的动画共同营造出"少即是多"的美感。如图4-65所示。

案例4　Everlane：无需跳转的购物车管理

　　作为电商网站，编辑管理购物车是重要的功能之一。为了提升整体体验，Everlane的设计师允许用户将鼠标悬停在某个产品上，选择大小类别，添加到购物车，整个过程无需离开相关页面。无需跳转即可完成一切，用户可以更便捷地完成购物环节。如图4-66所示。

案例5　Brdr. Krüger：使用漂亮的超大字体

　　木材车床公司Brdr. Krüger将产品名称和重要的信息制作成为漂亮的超大字体置于网站首页上，这种充满冲击力的字体设计在移动端上看起来尤其明显。如图4-67所示。

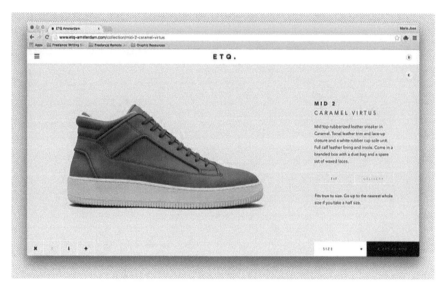

图4-65　ETQ Amsterdam官网页面设计

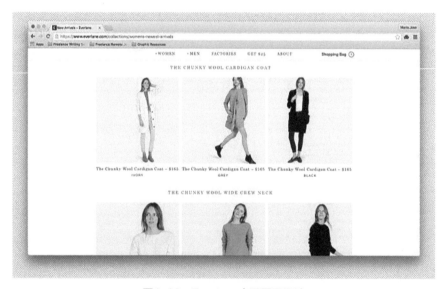

图4-66　Everlane官网页面设计

案例6　Emporium Pies：创建互动

　　Emporium Pies是一家在线销售烘培类食品的网站，当用户将光标悬停在不同的馅饼或者面包上的时候，相关的信息会呈现出来。创建出令人愉悦的交互能让用户驻足更久。如图4-68所示。

图4-67　Brdr. Krüger官网页面设计

图4-68　Emporium Pies官网页面设计

案例 7　Visual Supply Co：用视觉形象代表产品

　　Visual Supply Co将他们的产品用不同的色块来代表，虽然这种手法并不一定适用于所有的电商网站，但是对某些特殊类型的产品而言，这种方式也挺不错。如图4-69所示。

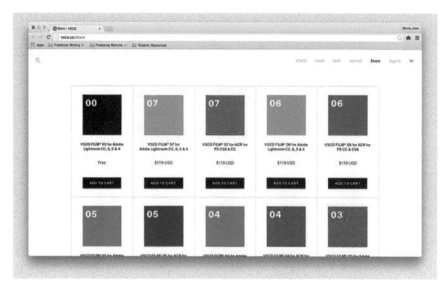

图4-69　Visual Supply Co官网页面设计

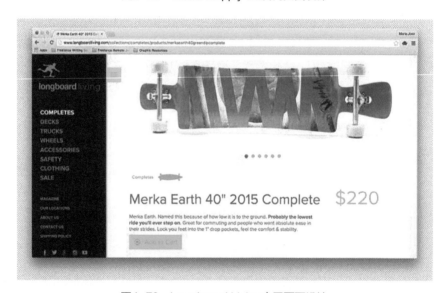

图4-70　Longboard Living官网页面设计

案例8　Longboard Living：用色彩提亮重要文本

　　用色彩来提亮文本本不是特别的设计手法，但是结合网站配色和UI来设定提亮文本的色彩，倒是常常能收到奇效。Longboard Living则在网站文本提亮设计上非常用心，从侧边栏到正文部分都采用了这样的设计技巧，配合动效，兼顾到了美观和功能。如图4-70所示。

第 5 章
移动端 UI 设计——"行走"的艺术

5.1 移动 UI

　　移动UI的概念建立在UI概念之上，UI概念中包含的两个方面"用户的界面"和"用户与界面"都涉及到了用户与移动界面的交互体验上，但无论是用户的界面还是用户与界面，最终的落脚点都在"视觉上"，移动UI不仅仅是视觉传达上所指的界面美化设计，同时也必须满足视觉"看见"后才有的交互操作设计。移动互联网产品中的UI便是移动UI，如手机上使用的苹果iOS系统、安卓系统、Window Mobile系统，又如手机客户端、APP应用等都属于移动UI。因此，对于移动UI的研究离不开"视觉"二字。

　　随着移动时代的不断发展，用户越来越喜欢简洁、美观、易用的设计和产品，所以用户体验成为整个互联网的命脉。为了吸引更多的用户，作为设计师必须要让软件和应用系统变得更具有个性和品位，让操作变得更加舒适、简单、自由，充分体现软件和应用的定位、特点与意义，完善用户体验。

5.2 移动端 UI 设计原则

5.2.1 一致性原则

　　坚持以用户体验为设计原则，手机界面直观，操作简单方便，用户接触手机上的软件产品后对其相应的功能一目了然，不需要太多培训就可以方便地使用此软件。尽量保持字体及颜色相一致，避免很多字体在一个主题当中出现；字段不可以修改的地方，可以用灰色文字统一起来。界面内元素的对齐方式尽量保持一致，若无特殊情况，应该避免统一页面内出现多种数据对齐的方式，像"微信订阅号"中，每次推送多条消息报道时，始终都会保持左对齐的方式。

5.2.2 信息量少而准原则

　　手机的屏幕大小是有限的，设计师要在有限的空间上表达出所有的信息。因此，所表达的信息，一定要突出关键点，且信息量少，传达的内容准，让用户轻松阅读，人的记忆毕竟是有限的、短暂的，在24小时之内，人们的遗忘率达到25%。设计师在做界面UI设计时，同一页的信息量不应该超过7个要点，倘若信息量很多，则可以把次要的信息量设置在二级页面中或子菜单中。例如大家经常使用的手机版本"铁路12306"，在点开桌面图标之后，我们会看见预定车票的关键信息：行程的起始城市和目的地、出发日期与具体时间、乘车人的身份（学生）、席别、车型、乘客信息、温馨提示。更加具体的信息则在第二页中会显示，像这样子的界面，用户能够方便记住，也能够很快地操作。

5.2.3 语言通俗原则

　　在手机界面当中，基本每个界面上都有文字，这些文字要尽量简单化，口语化，让用户能够立刻理解表达的意思。在一款叫"Keep"的健身APP中，软件会帮设计师制定单次计划，而每一项计划的名字都是非常形象化的，如"腿部塑形"，同时还说明锻炼的时间、零基础、无器械等。在一句话中，字数不宜过长要使用肯定句，不要让用户花时间去猜测，不知道下一步该怎么操作。每一个界面上的语言描述的语调要一致，遵循"一致性"原则，不要语句错乱，让用户产生反感。描述的语言还要符合语境，这样才会更加贴近用户。

5.2.4 颜色合理搭配原则

　　不同的色彩对用户的心理反应是不一样的。其实，用户的心情和情趣的不同，也会影响着自己对色彩的接纳程度。一成不变的色彩是不可能的，用户会产生视觉审美疲劳，因此需要色彩搭配个性化，足够吸引用户的眼球，在苹果手机中，自带的"健康"这款软件，里面会统计用户的步行距离、爬的楼层、睡眠分析等，每一个项目用一种颜色，"睡眠"这一项采用的就是蓝色，而且颜色采用了渐变色，从而让用户引起关注。在智能手机软件产品的UI设计中，统一的画面中应该不宜超过四套颜色，除了黑白灰之外，还可以用不同层次的颜色进行搭配组合，画面中的颜色选择，可适当根据主题来变化。

5.2.5 布局合理化原则

布局合理化也是UI设计时需要考虑的一大问题。布局是否合理化，直接影响着用户的阅读量，而用户的浏览和操作习惯一般都是从上而下、自左向右的。所以，在设计的时候尽量少做"加法运算"，要多做"减法运算"，一些操作频率不高的功能区域可以隐藏，要时刻保持界面的简洁干净，从而提高软件的可用性、易用性。

5.3 从桌面端到移动端内容迁移的用户体验优化

当内容要从桌面端迁移到移动端时，怎样才能让用户和内容更好地结合起来呢？

5.3.1 每屏只完成一项任务

虽然手机的屏幕越来越大，但是当内容在移动端设备上呈现的时候，依然要保证每屏只执行一个特定的任务，不要堆积太多的、跨流程的内容。

虽然在移动端设备上，用户已经习惯了执行多任务，看着球赛聊着天，这样的案例不胜枚举。用户的习惯和多样的应用场景使得移动端界面必须保持内容和界面与内容的简单直观，这样用户在繁复的操作中，不至于迷失或者感到混乱。如图5-1所示。

图5-1 每屏只完成一项任务

5.3.2 精简并优化导航体系

当用户打开网站或者APP的时候，他们通常倾向于执行特定的操作，访问特定的页面，或者他们希望点击特定的按钮，所有的这些操作能否实现，大多是要基于导航模式的设计。

虽然在桌面端网页上，一个可用性较强的导航能够承载多个层级、十几个甚至20多个不同的导航条目，但是在移动端上，屏幕限制和时间限制往往让用户来不及也不愿意去浏览那么多类目。

导航需要精简优化。如果设计师不确定从什么地方开始，那么就应该先针对你的移动端版本进行用户分析。用户访问得最多的前三四个类目是什么？这些页面是否符合主要用户群体的期望？希望用户更多点击哪些内容？当搞清楚整个导航的关键元素之后，就可以有针对性地做优化和调整了。如图5-2所示。

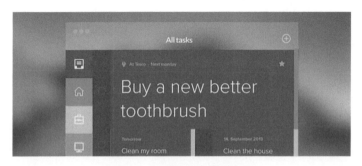

图5-2 精简并优化导航体系

5.3.3 基于搜索引擎的设计模式

"不要总是玩弄算法，创造用户想看的内容才是正途。"

无论网站的PV是100还是10万，设计师都得尽量让移动端上的内容更易于被搜索到，无论是关键词、图片还是内容都应该能够被优化到易于被搜索引擎抓取到。但是最关键的地方并不在算法，而是要创建用户想要获取的优质内容。

从桌面端迁移到移动端，内容的形态也需要跟随着平台的变化而进行适当的优化和修改。比如大量的大尺寸的图片需要跟着移动端的需求而进行优化，比如选择尺寸更合理的图片，放弃不匹配移动端需求的JS动效等。如图5-3所示。

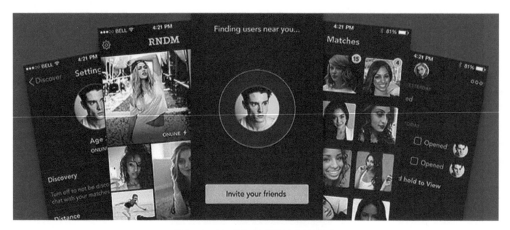

图5-3　基于搜索引擎的设计模式

5.3.4 更大的字体

在小屏幕上显示的内容，应该适当地增加大小，让用户能够更轻松地阅读和消化。通常，在移动端上，每行容纳的英文字符的尺寸在30～40个最为合理，而这个数量基本上是桌面端的一半左右。

在移动端上排版设计要注意的东西还有很多，但是总体上，让字体适当地增大一些，能让整体的阅读体验有所提升。如图5-4所示。

图5-4　更大的字体

5.3.5 意义清晰的微文案

微文案在界面中几乎无处不在，比如按钮中的文本，它们对于整体的体验有着不小的影响。设计优秀的微文案能够让整个界面的个性、设计感有明显提升，它们是信息呈现的重要途径，将设计转化为可供理解的内容。

在移动端设计上，微文案的显示要足够清晰，并且始终是围绕着"帮助用户要做什么"来琢磨其中的表述方式。

在移动端上支付是非常常见的使用场景，而支付时常受到各种问题的影响，比如横跨多屏的表单，这个时候，引导性较强的微文案能够更好地帮助用户一次填写好正确的内容。如图5-5所示。

图5-5　意义清晰的微文案

5.3.6 去掉不必要的特效

在桌面端网页上，旋转动效和视差滚动常常会让网页看起来非常不错，但是在移动端上，情况则完全不同。内容在迁移到移动端的网页和APP上的时候，效率和可用性始终是第一需求。快速无缝的加载和即点即用的交互是用户的首要需求，剥离花哨和无用的动效，会让用户感觉更好。

另外，悬停动效也要去掉。移动端上手指触摸是主要的交互手段，悬停动效是毫无意义的存在。作为设计师，需要围绕着点击和滑动这两种交互来构建移动端体验，因为只有它们才能给用户正确的反馈。如图5-6所示。

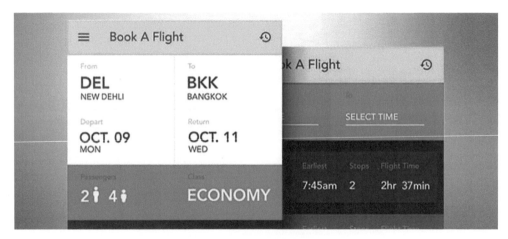

图5-6　去掉不必要的特效

5.3.7 尺寸适配

在移动端设备上打开一个网页，结果加载的是桌面端的版本，仅仅只是尺寸缩小了，没有什么比这个更令人尴尬的了。移动端的网页和APP应该让用户更易于访问，对于整体尺寸和排版布局的设计，应该更有针对性，有的时候，这种内容的适配只需要针对部分内容。

① 在桌面端横向排布的控件，可以垂直排列在移动端页面上；

② 考虑到移动端设备上用户的浏览方式，图片最好被切割为方形，或者和

手机屏幕比例相近的形状；

③ 文本和微文案应该设计得更加简明直观；

④ 导航可以不用沿用桌面端的导航模式，可以采用侧边栏或者底部导航等更适合移动端的方式；

⑤ 行为召唤元素可以做得更大，甚至扩展到整屏；

⑥ 所有的按钮或者可点击的元素都按照用户的手持方式，放到手指最易于触发的位置。

如图5-7所示。

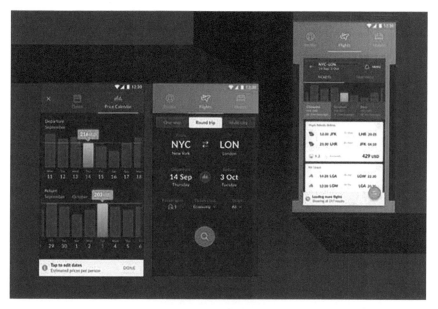

图5-7　适配的尺寸

5.4 Google Material Design

　　Material Design是Google的一种设计理念，它概括出了APP在移动设备上应该长什么样以及如何工作。Google的Material Design打破了一切——如动画、风格、布局，用清晰的设计和可用性准则重新塑造了一种所见即所得的交互方式。如图5-8所示。

5.4.1 Material Design 的设计原则

Material Design的九大设计
原则如下所述。

（1）材料是个隐喻

材料隐喻是合理空间和动作
系统的统一理论。谷歌所谓的
"材料"是基于触觉现实，灵感来
自于对于纸张和墨水的研究，也
加入了想象和魔法的因素。

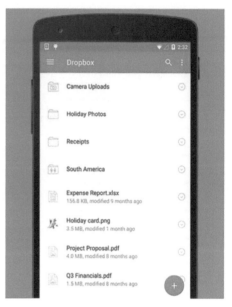

图5-8　Dropbox APP

（2）表面是直观和自然的

表面和边缘为现实经验提供了视觉线索。使用熟悉的触觉属性，可以直观
地感受到使用情景。

（3）维度提供交互

光、表面和运动是展现交换的关键因素。逼真的光影效果显出了各部分分
离，划分了空间，指示了哪些部分可以进行操作。

（4）适应性设计

底层设计系统包括了交互和空间两部分。每一个设备都能反映出同一底层
系统的不同侧面。每一设备的界面都会按照大小和交互进行调整。只有颜色、
图标、层次结构和空间关系保持不变。

（5）目录用黑体和图形设计，并带有意图

黑体能突出层次、意义，显现焦点。深思熟虑的色彩选择、层次分明的图
像、大范围的铺陈和有意的留白可以创造出浸入感，也能让表达更清晰。

（6）颜色、表面和图标都强调动作效果

用户行为就是体验设计的本质。基本动作效果是转折点，他们可以改变整个设计，可以让核心功能变得更加明显，更为用户指明了"路标"。

（7）用户发起变化

操作界面中的变化来自于用户行为。用户触摸操作产生的效果要反映和强化用户的作用。

（8）动画效果要在统一的环境下显示

所有动画效果都在统一的环境下显示。即使发生了变形或是重组，对对象的呈现也不能破坏用户体验的连续性。

（9）动作提供了意义

动作是有意义的，而且是恰当的，动作有助于集中注意力和保持连续性。反馈是非常微妙和清晰的，而转换不仅要有效率，也要保持一致性。

Material Design的理念不仅仅局限在Google和安卓APP中。设计师们通过很多方法在使用这个设计理念。正如名字所暗示的那样，多个元素的分层叠加，就像一副牌一样。虽然将元素在界面内分层的想法并不是一个新理念，然而，Material Design结合了大量具备美感和动态的体验，使得这一理念更进一步，建立了一种独特而又统一的体验，既实用又美观。

5.4.2 Material Design 体系

在应用系统的说明中，我们经常阅读到这样两个单词：Control（控件），Component（组件）。组件为多个元素组合而成，控件为单一元素。Material Design则把控件和组件合为一体，统称为组件体系。如图5-9所示。

（1）底部动作条

如图5-10所示。

① 定义　一个从屏幕底部边缘向上滑出的一个面板，使用这种方式向用户呈现一组功能。

② 使用规则　底部动作条(Bottom Sheets)提供三个或三个以上的操作给

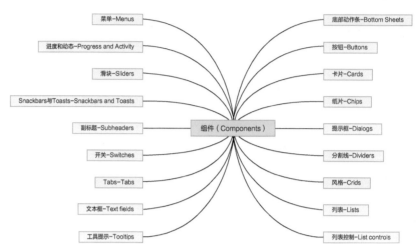

图5-9　Material Design的组件思维导图

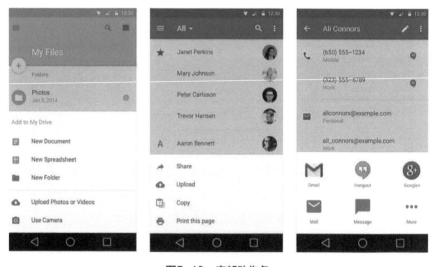

图5-10　底部动作条

用户选择，并且不需要对操作有额外解释的情景。如果只有两个或者更少的操作，或者需要详加描述的，可以考虑使用菜单(Menu)或者提示框替代。底部动作条可以是列表样式也可以是宫格样式。

③ 底部动作条的内容　在一个标准的列表样式的底部动作条(bottom sheets)中，每一个操作应该有一句描述和一个左对齐的icon。如果需要的话，

也可以使用分隔符对这些操作进行逻辑分组，也可以为分组添加标题或者副标题。一个可以滚动的宫格样式的底部动作条，可以用来包含标准的分享操作。

④ 交互行为　显示底部动作条的时候，动画应该从屏幕底部边缘向上展开。根据上一步的内容，向用户展示用户上一步的操作之后能够继续操作的内容，并提供模态的选择。点击其他区域会使得底部动作条伴随下滑的动画关闭掉。如果这个窗口包含的操作超出了默认的显示区域，这个窗口需要可以滑动。

底部动作条是一种模态形式之一。模态的对话框需要用户必须选择一项操作后才会消失，比如Alert确认等；而非模态的对话框并不需要用户必须选择一项操作才会消失，比如页面上弹出的Toast提示。

（2）按钮

① 定义　由文字和/或图标组成，按钮告知用户按下按钮后将进行的操作。我们可以把按钮理解为一个操作的触发器。

② 主要按钮

a. 悬浮响应按钮(floating action button)　点击后会产生墨水扩散效果的圆形按钮。悬浮响应按钮是一个圆形的漂浮在界面之上的、拥有一系列特殊动作的按钮，这些动作通常和变换、启动以及它本身的转换锚点相关。如图5-11所示。

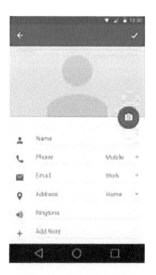

图5-11　悬浮响应按钮

b. 浮动按钮(raised button)　常见的方形纸片按钮，和悬浮响应按钮相反。非悬浮，固定于一个位置。点击后会产生墨水扩散效果。浮动按钮看起来像一张放在页面上的纸片，点击后会浮起来并表现出色彩。

浮动按钮使按钮在比较拥挤的界面上更清晰可见，能给大多数扁平的布局带来层次感。如图5-12所示。

图5-12　浮动按钮

图5-13　扁平按钮

c. 扁平按钮(flat button)　就是把文字用作按钮。点击后产生墨水扩散效果，和浮动按钮的区别是没有浮起的效果。尽量避免把他们作为纯粹装饰用的元素。按钮的设计应当与应用的主题颜色保持一致。

扁平按钮一般用在警告框中，推荐居右对齐。一般右边放操作性的按钮，左边放取消按钮。如果用在卡片中，扁平按钮一般居左对齐，以增加按钮的曝光。不过，卡片有很多种不同的样式，设计师可以根据内容和上下文来安排扁平按钮的位置。只要保证在同一个产品中，卡片内的扁平按钮的位置统一就可以了。如图5-13所示。

③ 按钮使用规则 按钮类型应该基于主按钮、屏幕上容器的数量以及整体布局来进行选择。如果是非常重要而且应用广泛，需要用上悬浮响应按钮。

基于放置按钮的容器以及屏幕上层次堆叠的数量来选择使用浮动按钮还是扁平按钮，避免过多的层叠。

一个容器应该只使用一种类型的按钮，在比较特殊的情况下（比如需要强调一个浮起的效果）才应该混合使用多种类型的按钮。

（3）卡片

① 定义 卡片是包含一组特定数据集的纸片，数据集含有各种相关信息，例如关于单一主题的照片、文本和链接。卡片通常是通往更详细复杂信息的入口。卡片有固定的宽度和可变的高度。最大高度限制于可适应平台上单一视图的内容，但如果需要它可以临时扩展（例如显示评论栏），类似分组的集合。如图5-14所示。

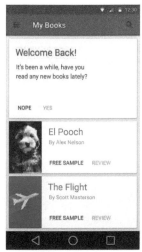

图5-14 卡片

② 用途 卡片是用来显示由不同种类对象组成的内容的便捷途径。它们也适用于展示尺寸或操作相当不同的相似对象，像带有不同长度标题的照片。

显示如下这些内容时使用卡片布局：

a. 作为一个集合，由多种数据类型组成（例如：卡片集包含照片、电影、文本、图像）；

b. 包含可变长度内容，例如评论；

c. 由富内容或互动操作组成，例如：+1按钮、滑块或评论；

d. 如果使用列表需要显示超过三行文本；

e. 如果使用网格列表需要显示更多文本来补充图像。

（4）纸片

Chips（我们暂时叫它"纸片视图"）是一种小块的用来呈现复杂实体的块，比如说日历的事件或联系人。它可以包含一张图片、一个短字符串（必要时可能被截取的字符串），或者是其他的一些与实体对象有关的简洁的信息。Chips可以非常方便地通过拖拽来操作。通过按压动作可以触发悬浮卡片（或者是全屏视图）中的Chips对应实体的视图，或者是弹出与Chips实体相关的操作菜单。

例如，联系人的纸片视图用于呈现联系人的信息。当用户在输入框（收件人一栏）中输入一个联系人的名字时，联系人纸片视图就会被触发，用于展示联系人的地址以供用户进行选择。而且联系人的纸片可以被直接添加到收件人一栏中去。

联系人的纸片视图主要用于帮助用户高效地选择正确的收件人。如图5-15所示。

（5）提示框

① 定义　提示框用于提示用户作一些决定，或者是完成某个任务时需要的一些其他额外的信息。提示框可以是用一种取消/确定的简单应答模式，也可以是自定义布局的复杂模式，比如说一些文本设置或者是文本输入 。

② 用途　提示框最典型的应用场景是提示用户去做一些被安排好的决定，而这些决定可能是当前任务的一部分或者是前置条件。提示框可以用于告知用户具体的问题以便他们作重要的决定（起到一个确认作用），或者是用于解释接下来的动作的重要性及后果（起到一个警示作用）。

提示框的内容是变化多样的，但是通常情况下是由文本和（或）其他UI元

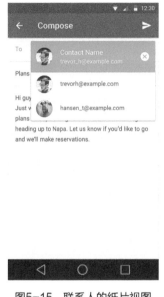

图5-15　联系人的纸片视图

图5-16　提示框

素组成的，并且主要是用于聚焦于某个任务或者是某个步骤。如图5-16所示。

MD规范把警告框分成两种：有标题的和没有标题的。

① 标题：主要是用于简单描述下选择类型，它是可选的；

② 内容：主要是描述要作出一个什么样的决定；

③ 事件：主要是允许用户通过确认一个具体操作来继续下一步活动；

④ 交互行为：触摸提示框外面的区域可以关闭提示框。

（6）分隔线

① 定义　分隔线主要用于管理和分隔列表和页面布局内的内容，以便让内容生成更好的视觉效果及空间感。示例中呈现的分隔线是一种弱规则，弱到不会去打扰到用户对内容的关注。

当在列表中没有像头像或者是图标之类的元素时，单靠空格并不足以用于区分每个数据项。这种情况下使用一个等屏宽（full-bleed）的分隔线就会帮助区别开每个数据项目，使其看起来更独立和更有韵味。

② 分隔线的类型

a. 等屏宽分隔线　等屏宽分隔线或以用于分隔列表中的每个数据项或者

177

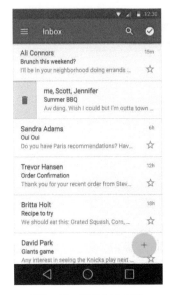

图5-17　等屏宽分隔线

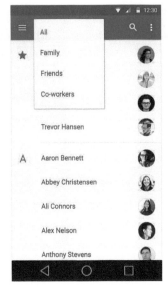

图5-18　内凹分隔线

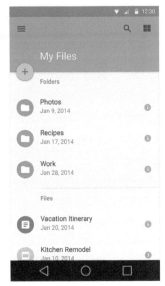

图5-19　子标题和分隔线

是页面布局中的不同类型的内容。如图5-17所示。

　　b. 内凹分隔线　　在有头像或者图标元素，并且有关键字的标题列中，我们可以使用内凹分隔线。如图5-18所示。

　　c. 子标题和分隔线　　在使用分隔的子标题时，可以将分隔线置于子标题之上，可以加强子标题与内容关联度。如图5-19所示。

（7）网格

　　① 定义　　网格是一种标准列表视图的可选组件。

　　② 用法　　网格列表最适合用于同类数据（homogeneous data type），典型的如图5-20所示，并且对可视化理解（visual comprehension）和相似数据类型的区别进行了优化。

（8）列表

　　① 定义　　列表作为一个单一的连续元素来以垂直排列的方式显示多行条目。

　　② 列表的应用　　列表最适合应用于显示同类的数据类型或者数据类型组（homogeneous data type or sets of data types），比如图片和文本，目标是区分多个数据类型数据或单一类型的数据特性，使得理解起来更加简单。

图5-20 网格

如果有超过三行的文本需要在列表中显示,换用卡片(cards)代替。如果内容的主要区别来源于图片,换用网格列表(grid list)。如图5-21所示。

(9)交互行为

① 滚动(列表只支持垂直滚动);

② 在列表中,每个列表的滑动(swipe)动作应当是一致的;

③ 在操作正确时,可被选中并且在列表中可以手动改变顺序;

④ 列表可以通过数据、文件大小、字母顺序或者其他参数来编程改变其顺序

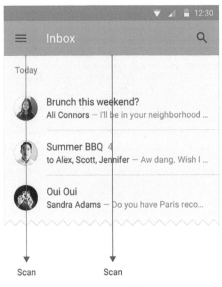

Scan　　　Scan

图5-21　列表

图标都能触发一个动作。

③ 类型

a. 复选框(Checkbox)

·既可以被定义成是主操作也可以是次要操作；

·类型：状态/主操作，次要操作/信息；

·单独可点击。

如图5-22所示。

b. 开关

·类型：次要操作/信息；

·单独可点击。

如图5-23所示。

c. 重新排序

·类型：次要动作；

·通常都是单独可点击，视当前列表所处的模式而定；

·该动作允许用户给列表中项通过拖动变换位置。通常，这个按钮出现在

或者实现过滤。

（10）列表控制

① 定义　列表控制是对列表进行操作控制的组件。

② 列表控制的分类

a. 状态/主操作（包括文本字符串）。状态和主操作放在标题列表的左边。在这里，列表里面的文本内容也被认为是主操作的操作目标的一部分。

b. 次要操作/信息。次要操作以及信息应该放在标题的右边，次要操作通常要和主要操作分开，单独可点击，因为越来越多的用户希望每个

图5-22　复选框

图5-23　开关

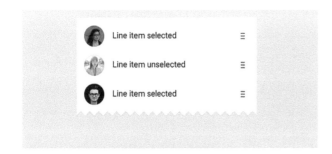

图5-24　重新排序

列表编辑的模式下。如图5-24所示。

d. 展开/折叠

·类型：次要动作；

·单独可点击；

·垂直展开或者折叠列表来显示或者隐藏当前列表。

如图5-25所示。

e. Leave Behinds

·类型：其他；

·Leave-behind是在当某一项列表被滑开之后的操作提示。Leave-behind可以被转换成一项操作；

·无论从哪个方向滑动列表，都会出现操作图标。滑动了之后，操作图标就会居中显示于列表空白处。

如图5-26所示。

f. 查看更多

·类型：主要操作（连同行内其他内容）；

·非单独可点击；

·点击之后跳转到与当前列表相关详细信息的页面，通常这都是一个新的页面或者面板。

如图5-27所示。

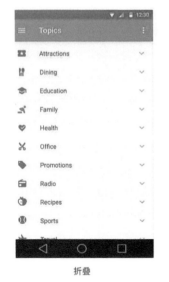
折叠

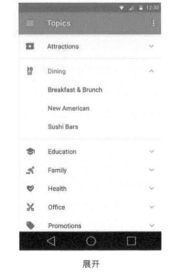
展开

图5-25 展开/折叠

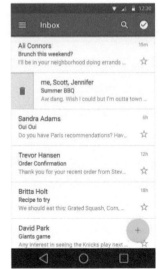

图5-26 Leave Behinds

图5-27 查看更多

（11）菜单

① 用法　菜单是临时的一张纸（paper），由按钮（button）、动作（action）、点（pointer）或者包含至少两个菜单项的其他控件触发。

每一个菜单项是一个离散的选项或者动作，并且能够影响到应用、视图或者视图中选中的按钮。如图5-28所示。

触发按钮或者控件的标签（label）可以简明准确地反映出菜单中包含的菜单项。菜单栏通常使用一个单词作为标签，像"文件""格式""编辑"和"视图"，然后其他内容或许有更冗长的标签。

菜单显示一组一致的菜单项，每个菜单项可以基于应用的当前状态来使

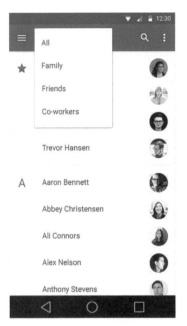

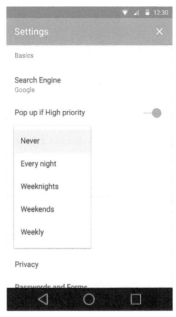

图5-28 菜单

图5-29 菜单显示一组一致的菜
单项

用。如图5-29所示。

② 交互行为 菜单出现在所有的应用内部的UI元素之上。通过点击菜单以外的部分或者点击触发按钮，可以让菜单消失。通常，选中一个菜单项后菜单也会消失。当菜单允许多选时是个特例，比如使用复选标记。

③ 说明 将动作菜单项显示为禁用状态，而不是移除它们，这样可以让用户知道在正确条件下它们是存在的。比如，当没有重做任务时禁用重做（redo）动作。当内容被选中后，剪切（cut）和复制（copy）动作可用。如图5-30所示。

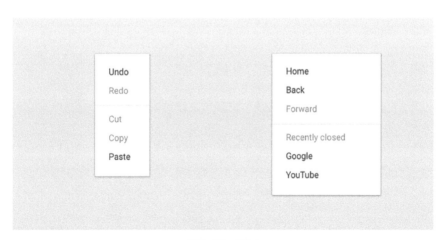

图5-30 说明

（12）进度和动态

① 定义　在刷新加载或者提交内容时，需要一个时间过渡，在做这个过程中需要一个进度和动态的设计。

尽可能地减少视觉上的变化，尽量使应用加载过程令人愉快。每次操作只能由一个活动指示器呈现。例如，对于刷新操作，不能既用刷新条，又用动态圆圈来指示。

② 指示器的类型　有两种：线形进度指示器和圆形进度指示器。可以使用其中任何一项来指示确定性和不确定性的操作。

在操作中，对于完成部分不确定的情况下，用户需要等待一定的时间，无需告知用户后台的情况以及所需时间，这时可以使用不确定的指示器。如图5-31所示。

图5-31　圆形进度指示器

③ 线形进度条　它应该放置在页眉或某块区域的边缘。线形进度指示器应始终从0%到100%显示，绝不能从高到低反着来。如果一个队列里有多个正在进行的操作，使用一个进度指示器来指示整体的所需要等待的时间。如图5-32所示。

图5-32　线形进度条

（13）滑块

① 定义　滑块控件（sliders，简称滑块）可以让我们通过在连续或间断的区间内滑动锚点来选择一个合适的数值。区间最小值放在左边，对应地，最大

值放在右边。滑块（sliders）可以在滑动条的左右两端设定图标来反映数值的强度。这种交互特性使得它在设置诸如音量、亮度、色彩饱和度等需要反映强度等级的选项时成为一种极好的选择。

② 连续滑块（continuous slider）　在不要求精准、以主观感觉为主的设置中使用连续滑块，让使用者做出更有意义的调整。如图5-33所示。

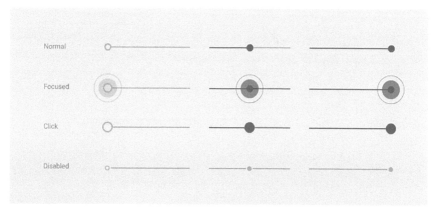

图5-33　连续滑块

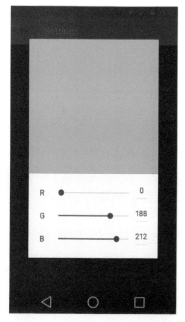

图5-34　带有可编辑数值的滑块

③ 带有可编辑数值的滑块　用于使用者需要设定精确数值的设置项，可以通过点触缩略图、文本框来进行编辑。如图5-34所示。

④ 间续滑块（discrete slider）　间续滑块会恰好咬合到在滑动条上平均分布的间续标记（tick mark）上。在要求精准、以客观设定为主的设置项中使用间续滑块，让使用者做出更有意义的调整。应当对每个间续标记（tick mark）设定一定的等级区间进行分割，使得其调整效果对于使用者来说显而易见。这些生成区间的值应当是预先设定好的，使用者不可对其进行编辑。

⑤ 附带数值标签的滑块　用于使用者需要知晓精确数值的设置项。如图5-35所示。

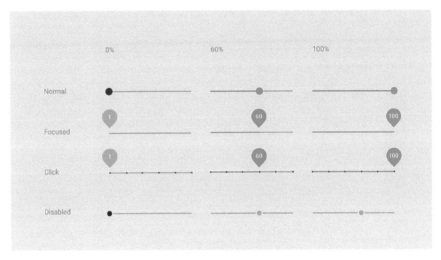

图5-35　附带数值标签的滑块

（14）Snackbar 与 Toast

①定义　Snackbar是一种针对操作的轻量级反馈机制，常以一个小的弹出框的形式出现在手机屏幕下方或者桌面左下方。它们出现在屏幕所有层的最上方，包括浮动操作按钮。

它们会在超时或者用户在屏幕其他地方触摸之后自动消失。Snackbar可以在屏幕上滑动关闭。当它们出现时，不会阻碍用户在屏幕上的输入，并且也不支持输入。屏幕上同时最多只能显示一个Snackbar。

Android也提供了一种主要用于提示系统消息的胶囊状的提示框Toast。Toast同Snackbar非常相似，但是Toast并不包含操作也不能从屏幕上滑动关闭，文本内容左对齐。如图5-36所示。

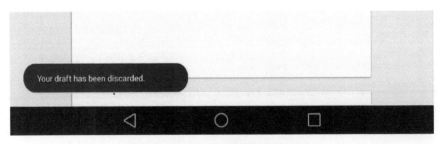

图5-36　Android胶囊状提示框Toast

② 用法

a. 短文本　通常Snackbar的高度应该仅仅用于容纳所有的文本，而文本应该与执行的操作相关。Snackbar中不能包含图标，操作只能以文本的形式存在。如图5-37所示。

图5-37　短文本

b. 暂时性　为了保证可用性，Snackbar不应该成为通往核心操作的唯一方式。作为在所有层的上方，Snackbar不应该持续存在或相互堆叠。

c. 最多0～1个操作，不包含取消按钮　当一个动作发生的时候，应当符合提示框和可用性规则。当有2个或者2个以上的操作出现时，应该使用提示框而不是Snackbar，即使其中的一个是取消操作。如果Snackbar中提示的操作重要到需要打断屏幕上正在进行的操作，那么理当使用提示框而非Snackbar。如图5-38所示。

图5-38　提示框

（15）副标题

副标题是特殊的列表区块，它描绘出一个列表或是网格的不同部分，通常与当前的筛选条件或排序条件相关。

副标题可以内联展示在区块里，也可以关联到内容里，例如关联在相邻的

图5-39　副标题

分组列表里。在滚动的过程中，副标题一直固定在屏幕的顶部，除非屏幕切换或被其他副标题替换。

为了提高分组内容的视觉效果，可以用系统颜色来显示副标题。如图5-39所示。

（16）开关

开关允许用户选择选择项一共有三种类型的开关：复选框、单选按钮和On/Off开关。

① 复选框　允许用户从一组选项中选择多个。如果需要在一个列表中出现多个On/Off选项，复选框是一种节省空间的好方式。如果只有一个On/Off选择，不要使用复选框，而应该替换成On/Off开关。复选框通过动画来表达按压和按下的状态。如图5-40所示。

图5-40　复选框

② 单选按钮　只允许用户从一组选项中选择一个。单选按钮通过动画来表达聚焦和按下的状态。如图5-41所示。

③ On/Off开关　On/Off开关切换单一设置选择的状态。开关控制的选项以及它的状态，应该明确地展示出来并且与内部的标签相一致。开关应该单选按钮呈现相同的视觉特性。

开关通过动画来传达被聚焦和被按下的状态。开关滑块上标明"On"和

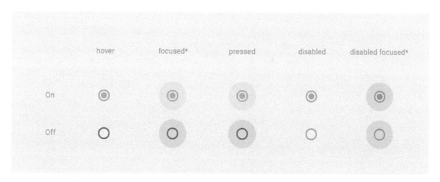

图5-41　单选按钮

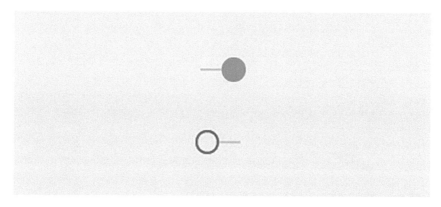

图5-42　开关

"Off"的做法被弃用，取而代之的是图5-42所示的开关。

（17）Tabs

① 定义　在一个APP中，Tabs使在不同的视图和功能间探索和切换以及浏览不同类别的数据集合起来变得简单。如图5-43所示。

② 用法　Tabs用来显示有关联的分组内容。Tabs标签用来简要的描述内容。

图5-43　Tabs

189

③ 使用规则：

·Tabs也不是用于内容切换或是内容分页的（例如：应用中页面之间的切换）；

·Tabs应该显示在一行内；

· 一组Tabs至少包含 2 个Tab并且不多于 6 个Tab；

·Tabs控制的显示内容的定位要一致，为并列关系；

·Tabs中当前可见内容要高亮显示；

·Tabs应该归类并且每组Tabs中内容顺序相连。

（18）文本框

文本框可以让用户输入文本。它们可以是单行的，带或不带滚动条；也可以是多行的，并且带有一个图标。点击文本框后显示光标，并自动显示键盘。除了输入，文本框可以进行其他任务操作，如文本选择（剪切，复制，粘贴）以及数据的自动查找功能。

文本框可以有不同的输入类型。输入类型决定文本框内允许输入什么样的字符，有的可能会提示虚拟键盘并调整其布局来显示最常用的字符。常见的类型包括数字、文本、电子邮件地址、电话号码、个人姓名、用户名、URL、街道地址、信用卡号码、PIN码以及搜索查询。

① 单行文本框　当文本输入光标到达输入区域的最右边，单行文本框中的内容会自动滚动到左边。如图5-44所示。

② 带有滚动条的单行文本框　当单行文本框的输入内容很长并需跨越多行的时候，则文本框应该以滚动形式容纳文本。在滚动文本框中，一个图形化的标志出现在标线的下面。点击省略号，光标返回到字符的开头。如图5-45所示。

③ 多行文本框　当光标到达最下缘，多行文本框会自动让溢出的文字断开并形成新的行，使文本可以换行

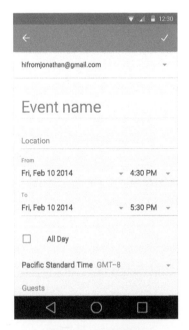

图5-44　单行文本框

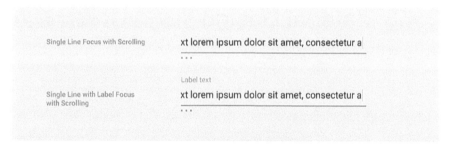

图5-45　带有滚动条的单行文本框

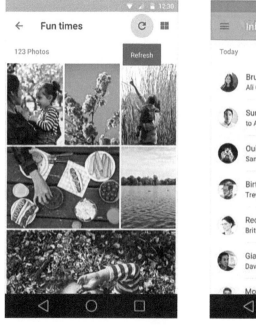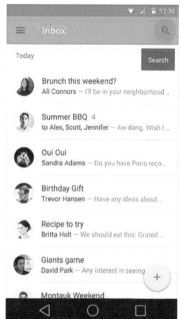

图5-46　工具提示

和垂直滚动。

（19）工具提示

　　对同时满足以下条件的元素使用工具提示：

　　① 具有交互性；

　　② 主要是图形而非文本。

　　如图5-46所示。

5.4.3 Material Design 引领的 UI 设计趋势

（1）纸的形态模拟

一本书里每一页纸之间的空间关系是很清楚的，但电子屏幕的所有物体都在一个平面上。虽然电子屏幕没有空间感，但信息内容是有空间层级的关系。而Material Design的解决方式就是把现实世界中纸张的特性挪到电子屏幕里，把信息内容呈现在这个虚拟的纸上，纸（信息内容）跟纸之间有上下层级关系，用投影模拟纸张的空间感。Material Design的投影并不是过去我们常用的使用图片或者样式代码实现的投影，而是系统根据纸张层级所在位置实时渲染的，投影会随着纸张的空间关系而改变大小。

图5-47　纸的形态模拟

Google几年前推行的Card设计就是模拟纸张物理形态的一种设计方式，但Material Design把它提升到了系统信息架构层面的高度。

另外，iOS的模糊效果从本质上来说与Material Design的纸张设计要解决的问题是同样的。通过模拟景深的效果来表达内容信息的层级关系。如图5-47所示。

（2）转场动画

过去我们的页面只有X轴与Y轴，打开一个新的页面则是生硬地直接跳转到新的页面，并没有点出页面的空间层级关系。而iOS7与Material则强调Z轴，即页面之间的空间层级关系。iOS里打开一个APP，页面将从用户点击的APP图标为中心点扩散出来，同样的设计在Android上也随处可见。通过转场动画告诉用户，这个页面从哪里来，到哪里去，在整个APP或者系统里的空间位置是什么。另外，不仅仅是页面层级的动画过渡，对象操作也伴随着动画过渡，从动画里能感受到操作的过程变化。例如删除时，垃圾桶图标会有一个倾倒的动画，或者通过指示条的旋转告诉用户删除的过程。另一方面，过渡动画

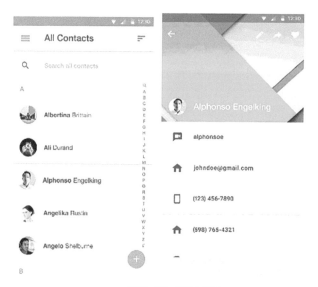

图5-48　转场动画

赋予了界面控件一种物理特性，在空间被拉伸、回弹时模仿了橡皮筋的物理特性。值得一提的是，在转场动画的设计上，Facebooke Paper的非常突出。如图5-48所示。

（3）icon 动画

交互动画在一些APP里已经大行其道，特别是Facebook Paper的动画让人印象深刻。在以后，交互动画将成为标配，随之而来地，更多设计师把目标转移到icon上来。icon主要分为入口功能和操作功能，操作功能的icon在完成点击操作之后，通常会转为对应的另外一种形态。如"返回"与"菜单"，"选择"与"未选择"，"收藏"与"已收藏"，"点赞"与"取消点赞"的状态之间切换。现在的设计里，icon在两种状态之间的切换通常显得生硬，icon动画将使得点击之后的反馈更加强烈，并且让界面活起来，性感起来。如图5-49所示。

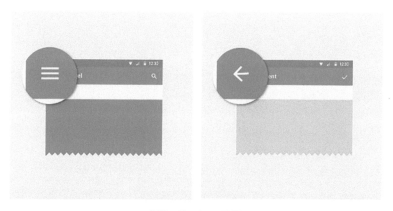

图5-49　icon动画

（4）大面积色块

Material Design设计语言让人眼前一亮的除了丰富的交互动画外，还有大面积使用了鲜艳的色块。过去的Android让人觉得冰冷科技感，让人有一种距离感。而新的设计采用了与过去相反的做法，在系统里大面积使用色块，用色块来突出主要内容和标题，让界面的主次感更加突出，也让原本灰黑色为主的界面拥有了时尚和活力。色块的颜色选择多使用饱和度高、明度适中的颜色，整体拥有比较强烈的视觉冲击，但并不会太刺眼。如图5-50所示。

图5-50　大面积色块

（5）FAB 按钮

在Google的宣传片里，最引人注目的新玩意，就是这个"淘气"的圆形小按钮了，如图5-51所示。从宣传片里来看，这个按钮的功能并不局限于"新建""播放""收藏""更多"等功能。它与整体界面的配色形成比较大的反差，因此会让这个按钮在界面里显得非常耀眼，从这样的设计来看，这个按钮所背负的任务将会是整个界面的主要操作。虽然有点类似于Path里的"+"按钮，但由于iOS系统本身并没有这样的设计，这将会成为最区别于iOS的一种交互设计，对交互设计师和产品经理来说都可能会成为一种挑战。

（6）无边框按钮

在iOS7的设计里，我们已经看到了这样的影子。最典型的便是"返回"按钮只有箭头和文案，去掉了原本的按钮质感。Material Design的action bar也同样采用了这样的设计，直接用icon来表达按钮功能。尤其是Material的

图5-51　FAB 按钮

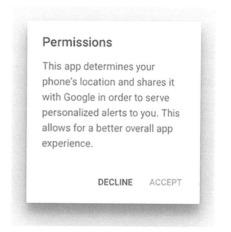

图5-52　无边框按钮

键盘设计风格，最早对键盘风格进行极简设计的是微软的Windows Phone，Android和iOS相继跟进。而这次Material走得更极端，把键盘的按钮边框全部去掉，只保留了英文字母的按钮。我们不能说这样的设计一定是好的，这样的设计可能让用户对点击的精准度无法更快地判断，缺乏安全感。好处是在屏幕不大的手机上，去掉边框的拥挤感会给字母更大的空间。如图5-52所示。

另外，无边框按钮的设计也体现在提示框的按钮上。如何让无边框的按钮区别于内容文字，这需要设计师除了考虑配色外，还需要考虑按钮出现的场景，对设计师在应用场景的解读上也是一个挑战。如图5-53所示。

图5-53　提示框按钮

（7）聚焦大图

一张与屏幕等宽、竖方向占据半个屏幕左右的大图，去掉工具栏，只保留返回按钮的设计，在一两年前十分流行的summly应用上就已经非常火了。后续也有一些应用跟进这样的设计（例如淘宝），但并没有大面积流行起来。Material Design很大胆地使用了这样的设计。在Google的引导下，这样的设计风格将很有可能风靡起来。如图5-54所示。

图5-54　大图的使用

5.5 APP UI 设计

APP(application) 指智能手机的第三方应用。在互联网的开放化、商业化和市场多元化的环境下，企业APP市场正高速发展，各大电商和企业将APP作为销售的主战场之一，通过APP软件平台对不同的产品进行无线控制，累积不同类型的网络受众并获取大众流量，APP带来的好的用户体验为企业提高了品牌形象，为企业未来的发展发挥了重要作用。

APP的界面类型大致可以分为：启动界面、顶层界面、一览界面、详细信息界面、输入操作界面。

（1）启动界面

提供一些辅助功能，用于对服务和功能进行说明。

（2）顶层界面

充分利用页面空间显示各类信息，包含多样性的UI组件、设计导航控件和列表。

（3）一览界面

一览界面是用户执行搜索操作后显示的结果界面，通过垂直列表显示，在社交类服务应用中常配合 UI 组件以时间轴的形式显示信息，另一些则大量显示媒体照片及视频。

（4）详细信息界面

详细信息界面是用户实际希望访问的目标界面，主体应尽可能避免多余 UI 组件，对于控件和操作面板应为他们添加自动隐藏的功能，篇幅较长的应考虑分页显示，提高阅读舒适感。

（5）输入操作界面

输入操作界面是执行特定的操作，优先考虑易用性，降低误操作，除了注册登录和消息发布还有对服务的设置管理，如增加细节设计定会萌生用户的好感，这也是界面设计提升魅力的发展空间所在。

5.5.1 APP UI 版式设计

（1）信息

对任何信息进行排布的时候，首先必须要掌握的是对齐/重复/亲密/对比，贯穿设计的四大原则。

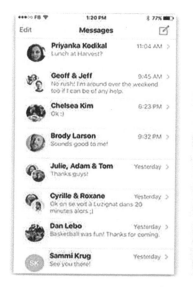

图5-55 对齐

对齐除了能建立一种清晰精巧的外观，还能方便开发的实现。基于从左上至右下的阅读习惯，移动端界面中内容的排布通常使用左对齐和居中对齐，表单填写的输入项使用右对齐。如图5-55所示。

图5-56　重复与对比

设计和做其他事情一样，也要有轻重缓急之分，不要让用户去找重点/需要注意的地方，应该让用户流畅地接收到我们想要传达的重要的信息。重复和对比是一套组合拳，让设计中的视觉元素在整个设计中重复出现既能增加条理性也可以加强统一性，降低用户认知的难度。那么在需要突出重点的时候就可以使用对比的手法，例如图片大小的不同或者颜色的不同表示强调，让用户直观地感受到最重要的信息。如图5-56所示。

在排布复杂信息的时候，如果没有规则地排布，那么文本的可读性就会降低。组织信息可以根据亲密性的原则，把彼此相关的信息靠近，归组在一起。如果多个项相互之间存在很近的亲密性，它们就会成为一个视觉单元，而不是多个孤立的元素。这有助于减少混乱，为读者提供清晰的结构。如图5-57所示。

在设计表达的时候，一定要考虑内容的易读性。适当使用图形可以增加易读性和设计感，而且图形的理解比文字更高效。那些用文字方式表现时显得冗长的说明，一旦换成可视化的表现方式也会变得简明清晰，可视化的图形可以将说明/标题/数值这种比较生硬的内容，以比较柔和的方式呈现出来。如图5-58所示。

图5-57　功能同类的内容在视觉上更靠近

图5-58　通过可视化的方式表达数据

（2）图片

APP的页面结构和文本确定之后，就要开始进行图标、按钮、图片的安排了，这时页面也就从单纯文本的"阅读"型结构调整为"观看"型结构，对于页面的易读性以及页面整体的效果会产生巨大的影响。页面中图片所占的比例叫做图版率，通常情况下降低图版率会给人一种宁静典雅、高级的感觉。提升图版率会有充满活力、画面富有感染力的效果。

如图5-59所示，左图图版率高，带来感染力；右图图版率低，给人宁静、典雅的感觉。

实际中这也跟选取图片的元素、色调、表达出来的情感有关系，合适的图片也能散发出整个应用的气质，直接传达给人"高级""平民化""友好"等不同的感觉。如图5-60所示。

在内容比较少但是又想提高版面率时，可以采用一些色块或者抽象化模拟现实存在的物件，例如电影票、书本纸张、优惠券、便签等的效果，使界面更友好也降低空洞的感觉。通过这种方式也可以改变页面所呈现出的视觉感受，只是这种方法最多改变页面的色调、质感，并不能改变"阅读"内容的比例，这点是需要注意的。如图5-61、图5-62所示。

（3）颜色

不同的颜色可以带给用户不同的感觉，这点应该是常识。在移动端界面中通常需要选取主色、标准色、点睛色。移动端与网页端稍微不同，主色虽然是

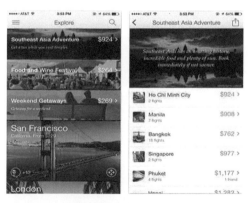

图5-59　图版率对比

图5-60　选择合适的图片同样能产生高级的感觉

图5-61　图片较少时使用色块提高图版率　　　图5-62　通过模拟现实中的材质提高图版率

决定了画面风格的色彩，但是往往不会被大面积地使用。通常在导航栏、部分按钮、icon、特殊页面等地方出现，会有点睛、定调的作用。统一的主色调也能让用户找到品牌感的归属，例如网易红、腾讯蓝、京东红、阿里橙等。标准色指的是整套移动界面的色彩规范，确定文本、线段、图标、背景等的颜色。点睛色通常会用在标题文本、按钮、icon等地方，通常起强调和引导阅读的作用。

　　主色在选择上可能不止一个，点睛色通常也由两三个颜色组成，标准色更是一套从强到弱的标准群，那么在点睛色与主色，主色与主色之间的选择上便有不同的方法。

　　① 邻近色配色　色相环上邻近的颜色配色，这种方法比较常用，因为色相柔和过渡也非常自然。如图5-63所示。

　　② 同色系配色　色相一致，饱和度不同，主色和点睛色都在统一的色相上，给用户一种一致化的感受。如图5-64所示。

　　③ 点睛色配色　主色用相对沉稳的颜色，点睛色采用一个高亮的颜色，起带动页面气氛、强调重点的作用。如图5-65所示。

　　④ 中性色配色　用一些中性的色彩为基调搭配，弱化干扰。这种方法在移动端是最常见的方法。如图5-66所示。

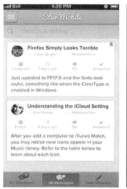

图5-63 邻近色配色

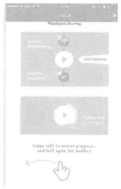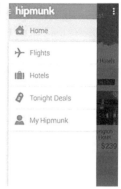

图5-64 同色系配色

图5-65 点睛色配色

图5-66 中性色配色

（4）留白

不单单是文字和图片需要设计，留白也是构成页面排版必不可少的因素。所有的白都是"有目的的留白"，带有明确的目的来控制页面的空间构成。

常见的手法有如下几种。

① 通过留白来减轻页面带给用户的负担。

首屏对一个应用来说十分重要，因此一些比较复杂的应用首屏都堆积了大量的入口。如果无节制地添加，页面中包含的内容太多时，会给人一种页面狭窄的感觉，给用户带来强烈的压迫感，所以元素太多有时候反而不是好事。留白能使页面的空间感更强，视线更开阔，通过留白来减轻页面的压迫感，使用户进入一种轻松的氛围。如图5-67所示。

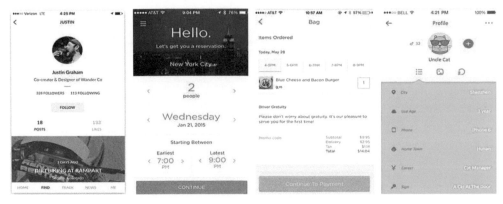

图5-67　通过留白来减轻页面带给用户的负担

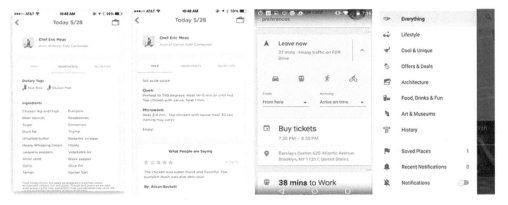

图5-68　通过留白区分元素的存在，弱化元素与元素之间的阻隔

② 通过留白区分元素的存在，弱化元素与元素之间的阻隔。

表单项与表单项之间、按钮与按钮之间、段落与段落之间这种有联系但又需要区分的元素，用留白的方式可以轻易造成一种视觉上的识别，同时也能给用户一种干净整洁的感觉。如图5-68所示。

③ 通过留白有目的地突出表达的重点。

"设计包含着对差异的控制。不断重复相同的工作使我懂得，重要的是要限制那些差异，只保留那些最关键的。"这句话出自原研哉的《白》一书中，通过留白去限制页面中的差异，使内容突出，是最简单自然的表达方式。减少页面的元素以及杂乱的色彩，让用户可以快速聚焦到产品本身，这种方法在电商类的应用上被大量地使用。如图5-69所示。

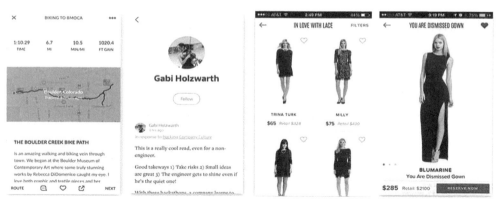

图5-69　通过留白有目的地突出表达的重点

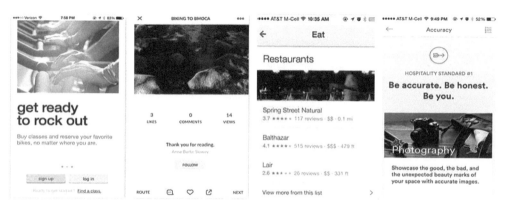

图5-70　留白让页面产生不同的变化

④ 留白能让页面产生不同的变化。

版式设计中要有节奏感。传统杂志在每一页翻开都会有不同的视觉感受，在APP内很多板块之间也是可以局部去突出个性或特点的。留白可以赋予页面轻重缓急的变化，也可以营造出不同的视觉氛围。通过留白去改变版式，再配合四大原则，可以产生出不同的效果。如图5-70所示。

需要注意的是，留白不是一定要用白色去填充界面，而是营造出一种空间与距离的感觉，自然与舒适的境界。

（5） 视觉心理

我们在观看事物时，往往会产生一些不同的视觉心理，例如两个等宽的正方形和圆形放在一起，我们一定会觉得正方形更宽。在版式设计中同样大量运

图5-71　通栏、间距等往往选择黄金比例

用这些科学视觉方法对用户进行视觉上的引导，也能让设计师快速找到一些排版布局的方法。

首先最常见的方法是灵活运用黄金分割比，文本与线段的间隔、图片的长宽比等地方都可以通过黄金分割比快速地设定，比如通栏高度的设定等。如图5-71所示。

在界面排布中，往往圆角和圆形比直角更容易让人接受，更加亲切。直角通常用在需要更全面展示的地方，例如用户的照片、唱片封面、艺术作品、商品展示等地方。在个人的头像、板块的样式等使用圆角会有更好的效果。如图5-72、图5-73所示。

在全局页面的排版中也要避免单调，增加节奏感。在上文提到过排版要有轻重缓急之分，这样让用户在观看的过程中不会感到冗长，无趣。如图5-74所示。

图片也是有不同的色调的，通过蒙版的方法可以控制这种色调。选择比较明亮的色调可以减轻对用户的压迫感，选择比较暗的色调可以让整个画面更沉稳，内容显示更为清晰。如图5-75所示。

图5-72　圆角和圆形比直角更容易让人接受，更加亲切

图5-73 照片、唱片一般采用方形展示更完整　　图5-75 通过蒙版的方法控制图片的色调

图5-74 避免单调，增加版式的节奏感

（6）细节设计

① 视觉表现

a. 勿过度装饰，让界面更简洁　设计需要准确地把握"度"，过度的设计会干扰信息的传达。减少不必要的设计元素，让信息脱颖而出，整个界面将会更加简洁清爽，也不会分散用户的注意力。如图5-76所示。

b. 图标大小的视觉平衡　同一个界面出现多个图标时，我们需要保持整体的视觉平衡。并非所有图标都采用相同的尺寸就能达到平衡，由于图标的体量不同，相同尺寸下不同体量的图标视觉平衡也不相同，例如相同尺寸的正方形会比圆形显得大。因此，我们需要根据图标的体量对其大小做出相应的调整。如图5-77所示。

c. 优化分隔线　界面设计中往往细节的处理最容易被忽略，根据界面配

图5-76 勿过度装饰，让界面更简洁　　　　图5-77 图标大小的视觉平衡

色的不同，我们在分隔线色彩的选择上面也要做出相应的调整。由于分隔线的作用是区分上下信息层级和界面装饰，配色的表现力要低于文字信息的力度，通常我们会选择浅色而不选深色，这样界面会更加简洁通透。深色的分隔线要慎用，除非在一些特定的产品场景下。如图5-78所示。

d. 合理的运用投影的颜色与透明度　通过对按钮、卡片等进行投影运用可以增强立体感与层次感。我们在制作投影时，需要根据不同背景改变投影的颜色、透明度。

浅色背景下投影的颜色会选择拾色器偏左上角的位置和透明度在10%～40%（个人经验）之间进行调整。深色背景下投影的颜色会选择拾色器偏右下角的位置和透明度在20%～40%（个人经验）之间进行调整。

投影的权重要符合页面设计的氛围，投影的运用是为了增强元素的立体感与层次感，而不是影响整个页面的视觉平衡。如图5-79所示。

e. 统一的图标设计风格　图标设计在整个APP设计中是比重较大的板块之一，图标设计风格有：线性图标、填充图标、面型图标、扁平图标、手绘风格图标和拟物图标等。无论我们选择何种表现形式的图标都请保持统一性，相同的模块采用一种风格的表现形式，如果是线性图标就保持一致的描边数值。如图5-80所示。

图5-78　优化分隔线

图5-79　合理的运用投影的颜色与透明度

图5-80　统一的图标设计风格

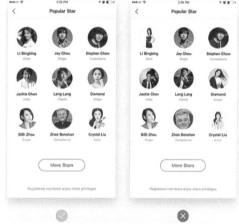

图5-81　图片比例与视平线的统一性

图标在配色上面也要保持有规律的统一，采用相同颜色是比较常用的配色方式。如果采用不同色相的配色方式，要保持整体的配色协调，不要出现饱和度、明度反差过大的配色而影响整体的视觉协调。

f. 图片比例与视平线的统一性　在人物展示的设计中，如果并列出现多个人物形象，为了保持视觉平衡，我们需要调整并列图片的大小比例，就像所有角色都是在相同焦距下拍摄的。在人物上下位置的调整上面我们要尽量控制视平线的方向，让他们的眼睛处于相同的位置。如图5-81所示。

图5-82　控制好界面中的配色数量　　　　　　图5-83　合理地进行设计对比

g．控制好界面中的配色数量　一个界面中出现3种左右的配色是相对比较容易把控的，如果超过3种以上的配色，是非常考验设计师功底的，如果颜色的处理不到位就会出现五彩斑斓的"视觉盛宴"。

在选择配色组合时，使用相似色的配色方案可以使颜色更加协调和交融；如果希望更鲜明地突出某些元素，对比色是不错的选择。无论选择何种配色方案，都要控制好界面中的配色比重，使信息传达不受干扰。如图5-82所示。

h．合理地进行设计对比　通过对比可以让信息模块更加独立，界面层级关系更加丰富。案例中以不同的背景颜色区分不同的信息模块，提升了整个界面的节奏感。颜色的选择可以是同色系中不同明度的梯度表现，也可以选择不同色相的穿插搭配。如图5-83所示。

i．提高配图的质量　图片的质量影响着整个界面的格调，现在越来越多的产品都会对图片进行美化后再展示给用户，目的就是为了提升产品在用户心中的印象。我们在设计提案的时候对配图的选择也要精挑细选，通过后期裁剪、曲线调整、色彩调整等技法使相同模块的配图视觉效果更加协调。如图5-84所示。

② 信息传达

a．明确表达图标的含义　去掉图标文案之后界面会显得更有格调，可是确定用户能看懂图标表达的含义吗？我们在进行界面设计时，图标是为了辅助

图5-84　提高配图的质量　　　　　图5-85　明确表达图标的含义

说明文案所传达的信息，如果去掉文案信息，那么需要图标本身带有很强的信息传达能力，确保用户能正确地识别。如图5-85所示。

b. 正确的表达按钮属性　按钮的设计必须清晰准确地传达出当前状态，不能为了视觉效果而带给用户错误的判断，例如深灰色的按钮用户会理解为是禁用状态而放弃点击。

通过按钮的颜色、大小、风格等来引导用户进行操作，需要强化的就要做得突出，不要整个界面都处于主次不明的状态，分散用户的注意力，削弱了界面需要传达的主旨。如图5-86所示。

c. 正确处理文字排版的层级关系　工作中我们拿到的需求总会出现大篇幅的文案，不能像概念设计那样任性地删减，在进行文字排版的时候，正确地处理信息之间的层级关系将会提高用户对信息的识别度。我们通常会通过字体大小、颜色、留白、层级分割等技巧来处理，把相同属性的信息归类设计，通过留白的不同达到层级的区分，让整个信息排列主次分明，层级清晰。如图5-87所示。

d. 线条与色块分隔的合理运用　线条通常用于分隔同一类别或拥有相同属性的元素；而色块更多的是用于分隔不同类别或者区分不同属性的元素，以达到层次清晰、归类明确的目的。我们在选择分隔形式的时候要根据信息之间的关系作出明确的表达，不可为了视觉效果而盲目地穿插运用。如图5-88所示。

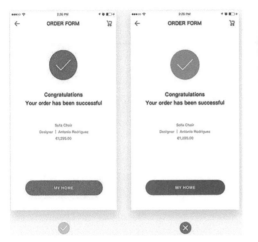

图5-86　正确地表达按钮属性 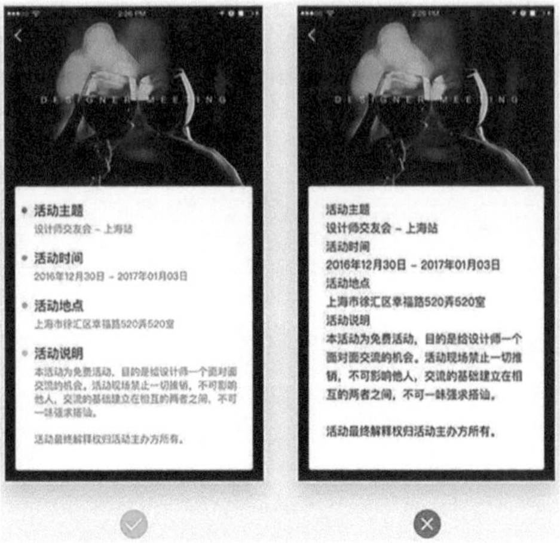　　　　图5-87　正确处理文字排版的层级关系

图5-88　线条与色块分隔的合理运用 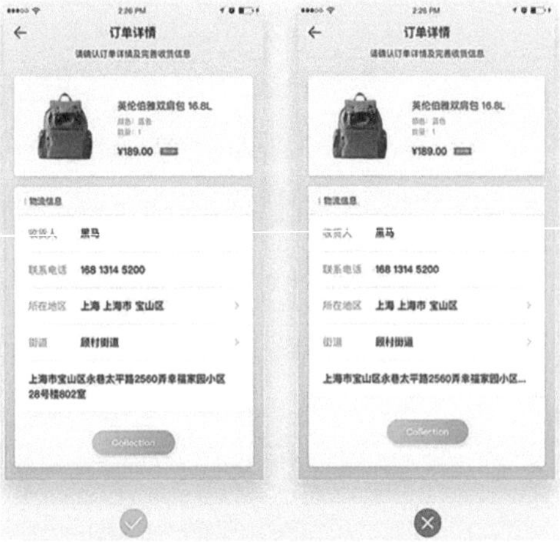　　　　图5-89　要提前预估信息呈现的最大值

e. 要提前预估信息呈现的最大值　在进行界面布局时，明确信息呈现的最大值，而不是取最小值进行设计。过于理想的长度范围也许界面样式更美观，可是落地之后就会给用户带来非常糟糕的体验。如图5-89所示。

f. 运用提示符提高用户的阅读效率　在大篇幅的文字信息布局中，合理地运用提示符会提高用户对信息的理解和快速找到需要的信息。提示符可以是数字、字母、图形、色块等，只要能有效地区分信息层级即可。如图5-90所示。

g. 布局层次分明，重点突出　好的界面布局是为了更好地引导用户阅读

图5-90　运用提示符提高用户的阅读效率

图5-91　层次分明的布局

和操作，界面布局要有层次和重点，而非简单地将信息进行罗列。通过卡片模块的区分和大小的变化可以很好地进行视觉引导，大大提高用户对界面的理解，从而提高用户的操作效率。如图5-91所示。

　　h. 信息布局符合阅读习惯　从左到右、从上到下地进行阅读是我们已有的习惯，如果要打破这个习惯进行视觉表现，会承受挑战用户体验的强大压力。如图5-92所示。

　　③ 概念表达

　　a. 相同界面下圆角与直角的统一性　在同一个界面设计中，圆角与直角的选择要更加统一地出现在界面中，不要出现混合运用造成视觉表达不一致。如果选择圆角作为视觉语言，统一相同模块下圆角的大小，不可出现大小不一致的情况，让整个界面设计的视觉语言更加规范统一。如图5-93所示。

　　b. 设计元素的表达符合用户心理　设计是为了更好地帮助用户理解界面的操作逻辑，如果设计改变了用户的心理与习惯，可能会增加用户的学习成本或者被用户抛弃。我们在进行界面设计的时候，如果要设计一些创新的操作规则，需要做更多的调研和测试，确保这个规则符合用户的心理。如图5-94所示。

　　c. 设计表达的一致性　相同的信息模块采用统一的设计表达，不要为了变化而加强用户的理解难度。前后信息设计的多样性也许在视觉上面更加丰

图5-92　信息布局符合阅读习惯

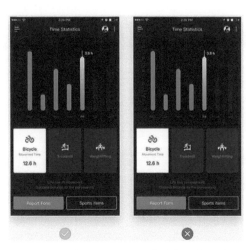

图5-93　相同界面下圆角与直角的统一性

图5-94　设计元素的表达符合用户心理

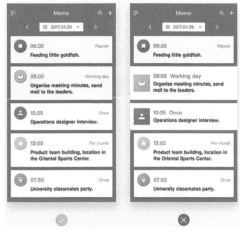

图5-95　设计表达的一致性

富，可是用户会理解为这是两个不同的模块，操作会不会也不同，无形中就增加了用户的思考时间和学习成本。如图5-95所示。

　　d. 别把网页的习惯带到APP设计中　网页与APP的设计在本质上有很多不同的视觉表现规则，我们在设计APP界面的时候要摆脱网页的一些交互习惯，回归到移动用户的习惯中，让界面的操作逻辑更加顺畅。如图5-96所示。

　　e. 让表单设计更简洁　表单设计在界面中随处可见，用户看到"一望无际"的表单会望而却步。为了缓解用户的这种心理活动，我们设计的时候通常

图5-96 不把网页的交互习惯带到APP设计中　　　　图5-97 让表单设计更简洁

会通过合并归纳相同属性的表单，采用逐步填写来让用户感觉内容很少，通过这样的视错觉让用户完成表单的填写。如图5-97所示。

f. 运用真实的信息填充设计　经常看到一些设计稿整个界面都是一样的配图、胡乱输入的文案，看起来显得非常的不专业。为了降低视觉落地的差值，我们在设计的时候尽量运用真实有效的信息去填充我们的设计稿，在提案的时候才能给决策者一个还原真实场景的有效方案。如图5-98所示。

g. 空界面中插画的运用　为了提高APP的情感化设计，插画的运用也开始越来越普遍。在空界面的一些设计中也由以前的纯文字转变为一些应景的插画表现，带给用户更多的愉悦感。如图5-99所示。

（本节"细节设计"的内容选自"黑马青年"的文章《详解APP设计中的微妙细节》。）

5.5.2 APP 细节设计——登录页

和网站的着陆页设计目的一样，当历尽千辛万苦让用户来到网站后，下一个重要举措就是把他们转化成潜在客户。相信每个内行的市场营销人员都深知这一点。那么最好的方法是怎样的呢？答案只有一个，就是做一个能抓住用户

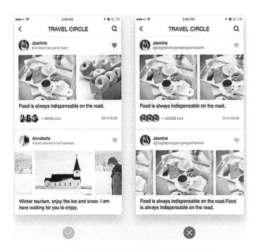

图5-98　运用真实的信息填充设计　　　　图5-99　空界面中插画的运用

的优质登录页面。

　　移动APP做好了，创意十足，直观实用，确定这是同类应用中最好的
APP，接下来要做的就是让人们装上这个APP。那么就要做广告。设计师一定
不想直接把广告链接到应用商店页面，需要的是在登录页面上引导访客根据自
己的移动设备（苹果、安卓或者微软）去商店来选择适合自己的应用。

　　那么，一个优秀的APP登录页是什么样子的呢?

（1）简洁

　　早些年设计师们发现，网站内容越多，就越会让用户觉得迷茫，进而把
用户吓跑。所以我们常常能看到一些卡通的、简单的、流线型的网站页面和
APP。这个趋势还在发展。

　　与其在网站上集结各种各样分散注意力的元素，还不如集中在一个要点
上。下面的APP非常复杂有创意，但是它们的登录页面简单集中。这就是它们
引人瞩目的原因。

　　这个例子完美地展示了重点突出的登录页面应该有的样子。一段式的文
字，以简洁精确的方式介绍了这个APP的用途。大家还可以注意一下图片中的
社交媒体，Facebook和Twitter的图标以非常谨慎的方式出现。这完全就是我
们所谈到的专注的简约主义。如图5-100所示。

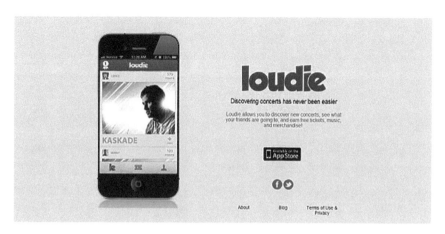

图5-100　Loudie

如图5-101所示，这是另外一个简单集中的APP登录页面。这种垂直分隔页面的方式视觉效果很好，实现了突出APP本身和其功能性的完美结合。灰黑的主色，搭配几处红色亮点，让整个页面看上去有序专业。这绝对是最酷炫的小型登录页面之一。

图5-101　Zonkout

图5-102这个例子极好地展示了如何应用中性色调突出APP本身。上面一个例子Zonkout更多地是使用深色调，Mailbox使用的是浅色系，大片的白色。这样的设计很容易让大家注意到蓝色的LOGO和立刻下载这个APP的蓝色按键。这个蓝色极浅，也很安静。这就和白色、网站剩余部分的棕色形成了强烈的对比。

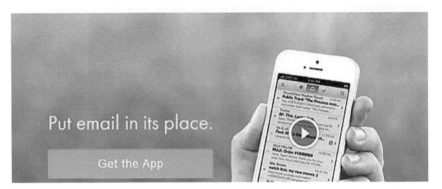

图5-102　Mailbox

　　有时候甚至都不需要图片设计。图5-103这个例子展示了一个好的标语是怎样勾起用户的好奇心的。里面的视觉元素，除了让用户立即行动的蓝色按键、两个菜单键，就是LOGO了。很明显它非常吸引人，同时又很谨小慎微。它成功地让访客产生兴趣，所以说这是个很棒的APP登录页面。

**Put the internet
to work for you.**

Join IFTTT

图5-103　好的标语可以勾起用户的好奇心

（2）展示 APP

　　当访客来到登录页面，如果能够在第一时间让访客辨别出自己是从哪里登录过来的最好，因为向访客展示产品是极为重要的。直白大胆一些，太过模糊不清会让访客直接走开。如果页面上能有一些关于广告的视觉提醒，那么访客立刻就能分辨出来自己所处的位置。

　　如图5-104所示，这个例子很好地阐释了如何借助登录页面展示APP。在详细介绍APP功能的同时，它又让用户能点击它解释的几个方面。这个页面遵循了我们之前提到的要点，它极为简单，却又把应该得到的信息一展无余。

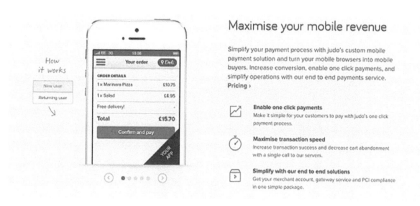

图5-104　Judo

图5-105这个APP登录页面也很棒。它不仅展示了APP的功能，而且着重于跨平台，这是它的重要卖点之一。它让用户知道这不仅仅是一个手机APP，还适用于笔记本和台式机。

图5-105　登录页面展示了APP着重于跨平台的特色

（3）展示 APP 功能

对于访客（潜在买家）来说，很重要的一点是看到APP广义上的功能，还有APP具体是如何工作的。否则的话，访客根本连试都不愿意试。

如图5-106所示的这种登录页面颇为流行，不是没有道理的。幻灯片式的介绍把两个很重要的方面结合了起来：他们允许用户探索这个APP的众多功能，同时很合时宜地展示了这个APP的样子。

图5-106　oggl应用登录页

我们在看前面ZonkOut的登录页面时，讲过了垂直分隔页面。Everest登录页面展现出来的是：不用把页面搞得杂乱无章，不用把访客吓跑，也可以最大限度地展示APP的诸多功能。如图5-107所示。

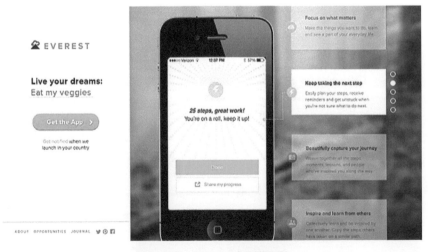

图5-107　Everest应用登录页

图5-108 Foursquare应用登录页

（4）试用

如果想让用户使用APP，一个很棒的策略就是让大家随时随地在登录页面上就试用。这样一来，大家就可以看到这个APP用起来多么好，另外也让大家看一下到底有没有必要在移动设备上面下载这个APP。

如图5-108所示，Foursquare是一家基于用户地理位置信息的手机服务网站，并鼓励手机用户同他人分享自己当前所在地理位置等信息。与其他老式网站不同，Foursquare用户界面主要针对手机而设计，以方便手机用户使用。

Foursquare的这个APP很游戏化，是最近最受欢迎的APP之一。Foursquare让用户在登录页面就能小小地体验一下这个APP是什么样的，如何使用，有什么功能。

如图5-109所示，为了让用户看看他们的停车软件有多好用，ParkMe的登录页面在用户下载这个APP之前，就让用户通过浏览器可以直接找到停车的地方。

（5）引导

如图5-110所示，这个登录页面非常简单直接。它让用户知道这个APP是什么，做什么，引导用户登录到可以下载这个APP的页面。它真的是简单得不

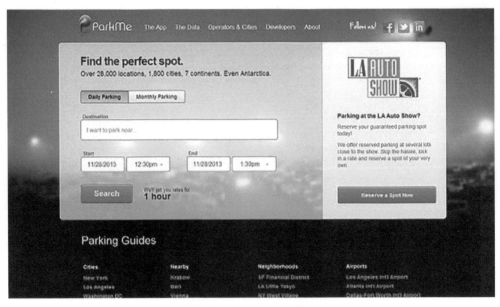

图5-109　ParkMe应用登录页

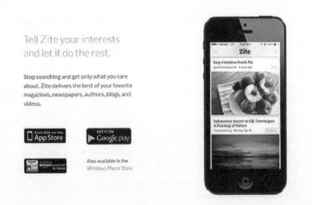

图5-110　Zite应用登录页

能再简单了。

如图5-111所示，这个登录页面很酷，突出了清晰明显的"马上下载"按钮，正如它的名字POP一样，它真的会突然出现，一语双关，非常可爱。

图5-111　POP应用登录页

5.5.3 案例视觉社交网站 Pinterest APP 设计

Pinterest是一个自称"个人版猎酷工具"的视觉社交目录网站，看起来像是一面虚拟的灵感墙，收藏丰富多元的设计、视觉艺术图片。以板（Pinboards）作为单位，可以钉（pin）喜爱的收藏，书签功能一键式抓取图片聚合到自己的Pinterest页面上。也可以追随不同人的品位，整体概念不错。如图5-112所示。

Pinterest采用的是瀑布流的形式展现图片内容，无需用户翻页，新的图片不断自动加载在页面底端，让用户不断地发现新的图片。如图5-113所示。

从设计心理学角度看Pinterest网站高速发展的原因，有以下几点：

① 强制简化的互动　让用户有效地剪辑和收藏自己感兴趣的内容，让繁杂

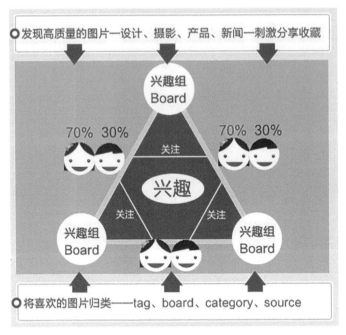

图5-112 Pinterest APP 的特点

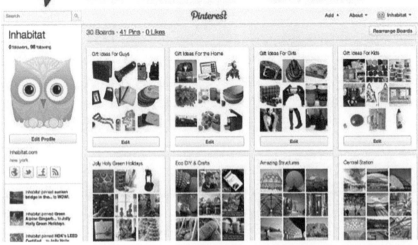

图5-113 Pinterest采用瀑布流的形式展现图片内容

的图片信息处理过程变得简单。

② 瀑布流布局机构　更直观的用户体验界面，独具风格的内容展示。

③ 视觉体验上的冲击　网站看起来像一堵能够给用户无限灵感的墙，对于爱美的人来说，是绝对没有抵抗力的。

④ 注册即分享模式　使用Facebook或者Twitter账号进行登录，快速在用户社交群中扩散。

⑤ 高品质图片　从色彩和构图角度吸引女生，容易引起女性用户的共鸣，而女性是极具潜力的用户群。

⑥ 用户的猎酷心理　从用户行为的角度上，弥补人的原始需求，满足用户的"收集癖"，创造舒适体验。

下面是一些非常出色的Pinterest界面交互设计细节。

（1）Pinterest 登录页

登录Pinterest的官方主页，背景由缓慢滚动的图片墙构成，我分别获取了几个不同的背景内容：计划旅行，打造花园，准备跑步。设计师用了太多的图片数据来通过登录页展示了Pinterest的特点。如图5-114所示。

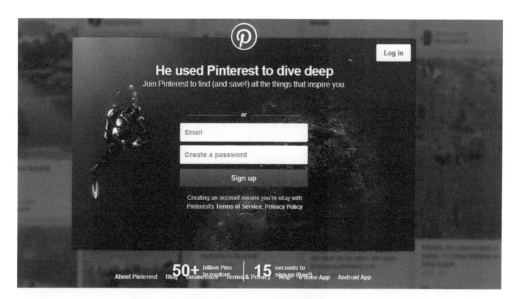

图5-114　Pinterest登录页

（2）启动画面

不同的APP，启动过程中给用户带来的激活体验是十足微妙的，由此，这对设计师来说也是一个考验，绝佳的设计能吸引新用户去更好地体验产品。Pinterest不论是网站还是APP在这方面都做得很好。

Pinterest所关注的不是功能，而是用户的需求。在此，他们并不谈论图片、分享、社交媒体等，仅仅单纯地陈述人们该如何使用它，如何利用它来更好地生活。不停移动的镜像画面，也展示了他们的有趣和图片特色。

（3）搜索过滤

脱离iOS模式，实用性强。Pinterest的搜索过滤有着很好的体验反馈，也让他们在千篇一律的iOS搜索设计中显得独特。如图5-115所示。

（4）浏览

对比各种APP之后，用户会被一些微妙的设计细节打动。精巧的切换，进入，并且利用一些减淡的元素打造了绝妙的流畅体验。没有太多突然的切换，有的只是静态的逐步转换。如图5-116所示。

图5-115　搜索过滤

图5-116　搜索过滤

图5-117 滑动刷新

图5-118 关注提示

（5）滑动刷新

很多人都尝试在iOS7的载入指示符中做些改变，Pinterest在此只是用了很简明的设计。没有什么特别的，但仍有着很好的体验，充分显示了产品的卓越。如图5-117所示。

（6）关注提示

这种类似于点头的动态提醒有点神经质，不过这也强调显示了Pinterest的极简设计风格，引导着来自不同地区的用户。

还有第二个设计细节特别容易被忽视，当使用者关注一个用户时，他的关注者人数会弹跳一下，取消关注也是如此。如图5-118所示。

（7）滚动

使用者返回到顶部，注意这个标题栏的文本"Plants"会轻微地弹动消失，这个流动的设计非常棒。很容易发现它就是弹开然后弹回消失不见，特别生动。

（8）阅图

当用户在浏览图片时，Pinterest的每一次切换都是精心设计的。使用者非常喜欢阅览时，新窗口按比例弹出，主图作为背景模糊的样式。如图5-119所示。

图5-119　精心设计的图片切换　　图5-120　减淡而慢慢移出视　　图5-121　即时互动
　　　　　　　　　　　　　　　　　　　　线的图片切换

（9）点赞

使用者可以为自己喜欢的图片点个赞。

在设计中的诸多细节很容易被忽视，也正是这些细节让APP更生动有个性。了解此点的设计师和开发者为此而不断地改进，想出新点子。

（10）操控

减淡而慢慢移出视线的图片切换，非常细微，非常快。底部增加的深度以及图片的有形性都是设计师用心之处。如图5-120所示。

（11）返回

通过下拉用户能从单个图片回转到主要版面，一切都非常的流畅自然。

（12）即时互动

在主要版面轻击图片即可跳出扁平、活动的图标，让使用者即时点赞或者分享图片给朋友。这个操作具有标记意义。如图5-121所示。

（13）即时 pin

无论何时使用者启动pin，将滑出在页面显示，此时背景会根据比例模糊，非常的简洁。

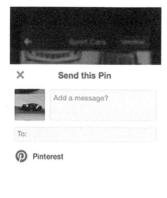
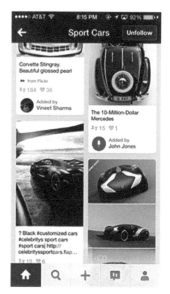

图5-122　即时点赞　　　　　图5-123　添加信息　　　　　图5-124　标签栏

（14）即时点赞

当使用者喜欢一张照片，即可点击图片上方的心形，它将轻微地弹动以示操作成功。如图5-122所示。

（15）发送 pin

在发送pin的操作中同样采取了模糊和灵活切换。值得注意的是，一旦信息被成功发送，会有一个小的黑色气泡信息提示显示在屏幕下方。

（16）添加信息

如果使用者想要以短消息的方式分享pin，信息编辑栏将放大以方便其进行文字编辑。它将推送标题栏在顶部，移出不必要的部件以空出空间。如图5-123所示。

（17）标签栏

在主页增加标签栏也挺有趣的，添加的图标通过旋转，给了用户更便捷的方式取消。图标切换的模式，运用模糊和色彩十足突出了APP的主要操作。如图5-124所示。

参考文献

［1］赵琪. UI界面设计中的色彩心理研究［D］. 长春：东北师范大学，2016.

［2］褚丽美. UI设计中的色彩应用研究［J］. 美术教育研究，2017.

［3］魏云柯. 版式设计法则在UI设计中的体现［J］. 赤子(上中旬)，2016.

［4］Tim Ash, Maura Ginty, Rich Page. Landing Page Optimization［M］, New Jersey：Wiley, 2012.

［5］陈根. 平面设计看这本就够了［M］. 北京：化学工业出版社，2017.

［6］陈根. 交互设计及经典案例点评［M］. 北京：化学工业出版社，2016.

［7］陈根. 图解情感化设计及案例点评［M］. 北京：化学工业出版社，2016.

［8］宋方昊. 交互设计［M］. 北京：国防工业出版社，2015.

［9］宋茂强，傅湘玲，陈莉萍，等. 移动多媒体用户界面设计［M］. 北京：高等教育出版社，2012.

［10］盛意文化. 网页UI设计之道［M］. 北京：电子工业出版社，2015.